TOBIAS BECK

UNBOX YOUR NETWORK

TOBIAS BECK

UN BOX YOUR NETWORK

Die Geheimnisse der Network Marketing Professionals

NXT LVL VERLAG

Wichtige Hinweise

Die im Buch veröffentlichten Empfehlungen wurden von Verfasser und Verlag erarbeitet und geprüft. Der Inhalt dieses Buches beruht ausschließlich auf den persönlichen Erfahrungen des Autors und erhebt keinen wissenschaftlichen Anspruch. Die benutzten Begrifflichkeiten sind wertfrei und werden häufig innerhalb der Branche verwendet. Eine Garantie kann dennoch nicht übernommen werden. Ebenso ist die Haftung des Verfassers bzw. des Verlages und seiner Beauftragten für Personen-, Sach- und Vermögensschäden ausgeschlossen.

 Die Publikation enthält Links zu externen Webseiten Dritter, auf deren Inhalte wir keinen Einfluss haben; für diese fremden Inhalte können wir keine Gewähr übernehmen. Rechtswidrige Inhalte waren zum Zeitpunkt dieser Veröffentlichung nicht erkennbar.

Auch wenn eine gendergerechte Sprache wünschenswert ist, gibt es aus Sicht des Verlages bisher keine befriedigende, gut lesbare Lösung. Der leichten Lesbarkeit zuliebe haben wir des Öfteren von der Doppelung männlicher und weiblicher Formen Abstand genommen. Selbstverständlich liegt es uns fern, dadurch einen Teil der Bevölkerung zu diskriminieren.

Hinsichtlich der rechtlichen, steuerrechtlichen und in dieser Hinsicht sich auswirkenden unternehmerischen Hinweise in diesem Buch empfiehlt der Autor die individuelle Beratung durch einen Rechtsanwalt bzw. Steuerberater. Der Autor versichert, derzeit kein Mitglied in einem MLM-Konzept zu sein und von keinem dahinter stehenden Unternehmen beauftragt und/oder bezahlt worden zu sein, dieses Buch zu schreiben. Der Autor ist keinem Network gegenüber verpflichtet.

Hinsichtlich einer selbständigen Tätigkeit neben einem Angestelltenverhältnis empfiehlt der Autor, beim Arbeitgeber eine Nebentätigkeitserlaubnis schriftlich einzuholen.

5. Auflage

ein Imprint der Momanda GmbH, Rosenheim
www.next-level-verlag.de

Autor: Tobias Beck, www.tobias-beck.com
Co-Autorin: Julia Scharnowski
Lektorat: Britta Fietzke, Lektorat Sach | Verstand
Covergestaltung: Kathrin Fuchsbauer | Der Designfuchs,
www.derdesignfuchs.de
Umschlaggestaltung: Guter Punkt, München, nach einer Idee
von Kathrin Fuchsbauer | Der Designfuchs unter Verwendung
eines Motivs von © Mohamed Ajuufan / Unsplash
Satz: Satzwerk Huber, Germering
Gesamtherstellung: Bernhard Keller
Druck: Florjancic Tisk d.o.o., Slowenien
Printed in the EU
ISBN: 978-3-949458-24-8

Inhalt

»Ich sehe was, was du nicht siehst!« –
und das ist deine Größe und dein Erfolg im Multi-Level-Marketing

Umgang mit dem Buch

Dieses Buch ist allen Mutigen gewidmet, die bereit waren oder in diesem Moment sind, sich im Multi-Level-Marketing (MLM) selbstständig zu machen.

Wenn du Partner eines MLM bist:

Dann kannst du dich jetzt entspannt zurücklehnen, dieses Buch – nachdem du es gelesen und für gut befunden hast – jedem Interessenten und allen neuen Partnern in die Hand drücken. Es ist die Grundlage für den Erfolg in dieser wunderbaren Industrie und berücksichtigt alle Facetten, die ich während meiner Reise im Network-Marketing beleuchten und ergründen durfte. Ich wünsche mir von Herzen, dass du deinen Weg bereits mutig und entschlossen gehst, dass ich dich aber noch mit dem einen oder anderen Aspekt dabei unterstützen kann, deine Lebensträume zu verwirklichen. Ich gratuliere dir schon jetzt zu all deinen vergangenen und zukünftigen Erfolgen.

Wenn du Interessent eines MLM bist:

Aus irgendeinem Grund bist du offen genug eingestellt, um dieses Buch in die Hand zu nehmen, oder vielleicht hat dir jemand, den du schätzt, dieses Buch gegeben. Wenn du wüsstest, was dieses Buch und die darin enthaltenen Informationen in deinem Leben auslösen und bewirken können, würdest du schon jetzt vor lauter Begeisterung Luftsprünge machen. Bleiben wir aber zunächst bei den Fakten: Über kaum eine andere

Industrie gibt es in der Gesellschaft so viele Missverständnisse wie über das Network-Marketing, über kaum eine andere Branche kursieren so viele fehlerhafte Informationen. In diesem Buch erhältst du von mir eine Schritt-für-Schritt-Anleitung mit vielen Zahlen, Daten und Fakten, die den Glauben in dir festigen werden, dass dies eine ganz besondere Chance für dich darstellt und du dadurch Undenkbares erreichen wirst. Du wirst Tabellen und alle Informationen erhalten, die du brauchst, um mit deinem MLM richtig durchzustarten und deinen Erfolg auf ein starkes Fundament zu stellen. Ich bin mir sicher, dass du sehr viel Freude beim Lesen und Durcharbeiten dieses Buchs haben wirst, denn ich habe eine Vielzahl von Übungen und Aufgaben für dich vorbereitet, die dir dabei helfen werden, dein Geschäft und deinen Erfolg voranzubringen. Nutze sie und lasse dich von den Comics und Grafiken inspirieren. Nach der intensiven Lektüre dieses Buchs wirst du dazu in der Lage sein, ein Imperium aufzubauen und die höchste Stufe eines Unternehmens zu erklimmen. Gleichzeitig befähigt es dich das, was du hier lernst, an andere Menschen zurückzugeben und in einer Gemeinschaft zu wachsen. Beantworte dir vorab aufrichtig folgende Fragen:

- Reicht es dir, für die Träume anderer Menschen zu arbeiten?
- Ist am Ende des Geldes noch viel Monat übrig?
- Möchtest du deinen Eltern ein Altern in Würde ermöglichen?
- Möchtest du deine Kinder auf die besten Schulen schicken können?
- Hast du genug davon, dich morgens unsanft wecken zu lassen, weil du aufstehen und um eine bestimmte Zeit bei der Arbeit sein musst?
- Hast du die Nase voll davon, deine Kinder bei anderen Menschen abzugeben?

- Ärgert es dich, deine Bestellung im Restaurant immer nur von der rechten Spalte der Speisekarte abhängig zu machen?
- Möchtest du dich sozial engagieren, viel Geld spenden und anderen helfen?
- Möchtest du den Menschen, die du liebst, wertvolle Geschenke machen können?
- Möchtest du an die schönsten Orte dieser Welt reisen?
- Möchtest du mehr Zeit für die wichtigen Dinge im Leben haben?
- Hast du ein Verlangen nach »mehr« – mehr Freiheit, mehr Verwirklichung, mehr vom Leben?
- Hast du Angst vor der Zukunft?

Und? Wie viele Fragen hast du mit Ja beantwortet? Im Prinzip reicht allerdings eine als Grund schon aus. Doch ich bin mir sicher, dass es wesentlich mehr gewesen sind.

Wenn du dieses Buch begreifst, wirst du künftig in einer neuen Realität aufwachen. Du kannst deine Kinder ohne Sorgen aufwachsen sehen, finanziell frei sein und die schönsten Orte dieser Welt erleben. Aber nicht nur das! Du kannst andere mit auf diese Reise nehmen und ihnen die Möglichkeit geben, es dir gleichzutun. Du wirst eine völlig neue Perspektive einnehmen und das morgendliche Aufstehen kaum erwarten können. Du kannst es dir erlauben, große Pläne für die Zukunft zu schmieden und selbstbewusst aufzutreten. Und das alles in einer Industrie, die im Jahr 2018 192.95 Milliarden US-Dollar umgesetzt hat.[1] »Ich bin aber kein Verkäufer«, höre ich dich gerade denken. Das bin ich auch nicht, und darauf kommt es auch nicht an. Ausreichend Zeit hast du auch nicht? Gut so, mir ging es genauso. Stell dir einmal vor, du würdest nur eine Stunde am Tag an deiner glorreichen Zukunft arbeiten. Dann sind das schon 365 Stunden im Jahr! Wäre das dein Traum wert? Wenn du auch diese Frage mit Ja beantworten kannst, dann lies gern weiter.

Vorwort von Tobias Beck

Hey, du Superstar! Toll, dass du dich für dieses Buch entschieden hast. Bevor du dich mit dieser einmaligen Sammlung meiner persönlichsten Tipps und Erfahrungen aus meiner Karriere im Network-Marketing beschäftigen wirst, muss ich dich warnen, denn bei der Lektüre kann dir Folgendes passieren: Vielleicht gehörst du zu denjenigen, die ein paar Inspirationen aus diesem Buch mitnehmen, es anschließend zur Seite legen und ihr bisheriges Leben unverändert weiterleben und auch in ihrem Job nicht viel verändern. Vielleicht. Sehr viel sicherer bin ich mir aber, dass du innerhalb der Zeit, die du mit den folgenden Seiten verbringst, eine Entscheidung treffen wirst: dich nicht länger nur allein auf dein Glück zu verlassen. Die Entscheidung, all deine Chancen zu nutzen, Möglichkeiten endlich auszuschöpfen, in Aktion zu treten und Master im Multi-Level-Marketing zu werden!

Betrachte dieses Buch als deinen Mentor. Denn wenn es einen einzigen Punkt gibt, der deinen Weg abkürzen und deine Entwicklung beschleunigen kann, dann ist es die Arbeit mit jemandem, der bereits dort ist, wo du hinmöchtest. Und das bin ich, denn ich habe mir eine erfolgreiche Karriere im Network-Marketing aufgebaut.

Wenn du dir die richtigen Mentoren suchst, durch die du eine optimale und qualitativ hochwertige Ausbildung genießt, dann wirkt das wie eine Zeitmaschine. Dieses Buch kann dir zeigen, ein Jahr smarter, aber nicht ein Jahr älter zu werden. Und dieses Buch kann dir zeigen, fünf Jahre smarter, aber nicht fünf Jahre älter zu werden. Du entscheidest, wie ernst du es nimmst und wie viel Kraft und Energie du investierst.

Diese Seiten sind dein Einstieg in eine Zeitmaschine, die es dir ermöglicht, den Weg abzukürzen, den ich in voller Gänze und Härte gehen musste. Genau wie meine Coaches und Mentoren habe auch ich zig Jahre gebraucht, um zum Profi bei meinen Themen zu werden. Und so, wie du jetzt von meinem Wissen und meinen Erfahrungen profitieren kannst, habe auch ich von Menschen lernen dürfen, die Wege vor mir gegangen sind – und das tue ich heute noch. Wird der Aufbau deines Business dadurch ein entspannter Sonntagsspaziergang? Leider nein. Doch ich überreiche dir mit diesem Buch eine Landkarte, einen Kompass und einen verlässlichen Begleiter in einem. Und nicht nur das: Dieses Buch ist dein Coach, denn es bringt dir zahlreiche praktische Übungen mit, die dich auf deinem Weg unterstützen. Nutze sie, wenn du große Resultate bei deinen Zielen erreichen willst.

Das Wichtigste gleich zu Beginn: Das Wort »Verkauf« löst bei den Menschen ein ähnliches Unbehagen aus wie eine Wurzelbehandlung beim Zahnarzt. Du kannst aber sofort wieder relaxen, denn im Network-Marketing geht es darum, ein »Netzwerk« aufzubauen, um so mit der richtigen Einstellung und Freude finanzielle Freiheit zu erreichen!

Viel Freude und viel Erfolg auf deiner Zeitreise!
Dein Tobi

Warum MLM?

Vielleicht hast du dich längst für Multi-Level-Marketing entschieden – dann herzlichen Glückwunsch! Ich hoffe, dir sind alle Vorteile der Branche, in der du dich bewegst, bewusst. Lies dieses Kapitel sicherheitshalber trotzdem, denn wenn du im Netzwerk-Marketing erfolgreich sein möchtest, musst du dafür brennen, und es ist wesentlich leichter für ein Thema Feuer zu fangen und dieses Feuer weiterzutragen, wenn du alle Argumente und Chancen kennst, die für deine Arbeit sprechen.

Du stehst noch am Anfang deiner Reise in das vielleicht größte Abenteuer der Wirtschaft? Vielleicht spielst du auch gerade erst mit dem Gedanken, dich in diese Welt der Möglichkeiten vorzuwagen und bist noch etwas zögerlich? Dann lass mich dir eine Frage stellen: Worauf wartest du noch?

Sämtliche Krisen haben es bewiesen und spätestens seit der Coronapandemie wissen wir alle: Jeder braucht einen Plan B. Und damit meine ich auch *wirklich jeder* – sei es als Unternehmer, Steuerberater oder Arzt. Ich persönlich bin heilfroh, dass ich während meiner aktiven Zeit im MLM so viel Kapital ansparen konnte, dass ich nun von den Mieteinnahmen meiner Immobilen und den Sonnenstrahlen in Form von Solaranlagen gut leben kann.

Du hast jedoch vielleicht besonders während der Krise realisiert, dass dein Angestelltenverhältnis in Wahrheit eine Seifenblase ist: in einem gewissen Licht schön anzuschauen, doch schneller zerplatzt, als du gucken kannst. Selbst wenn du in dieser Zeit nicht von Kurzarbeit oder dem Verlust deiner Stelle bedroht oder betroffen warst, möchte ich dich an dieser Stelle wachrütteln: Wir haben die Schwelle in die Zeit, in der wir ein neues Wirtschaftssystem benötigen, längst überschritten, denn das bisherige gleicht einem Dinosaurier kurz vor dem Aussterben. Warum?

Immer weniger Menschen möchten Lebenszeit gegen Geld eintauschen, möchten von Gehaltsabrechnung zu Gehaltsabrechnung leben, möchten die Sklaven ihres Weckers sein oder akzeptieren die Unzufriedenheit in ihrem Leben. Aber was ist mit dir? Wie lange möchtest du noch so weiterleben wie bisher? Ich bin mittlerweile an einem Punkt, an dem mich die Wirtschaft nicht mehr interessiert – ich erschaffe stattdessen meine eigene Wirtschaft.

Dein Arbeitsvertrag und das Gehalt, das dein Arbeitgeber dir monatlich überweist, sind nur vermeintliche Sicherheiten. Sie mögen dir heute ein gutes Gefühl geben, doch ist inzwischen in der Freien Marktwirtschaft kein Job mehr wirklich sicher. Das Gleiche gilt für das klassische Unternehmertum und jegliche Form der Selbstständigkeit. Gerade nach Corona sollten alle aufgewacht sein und damit anfangen, einen Plan B aufzubauen. Viele Unternehmer haben sich jahrzehntelang etwas geschaffen, aber aufgrund einer Wirtschaftskrise oder einer Pandemie wird ihnen der Boden unter den Füßen weggezogen, sodass nun ihr Lebensstandard und die Sicherheit der Familie gefährdet sind. Als Angestellter stehst du in der globalisierten Welt, in der wir nun mal leben, nicht mehr nur mit Teilnehmern des nationalen Marktes in Konkurrenz. Stattdessen sitzen immer mehr Fachkräfte im Ausland und sind in der Lage, ihre Zeit und ihr Können wesentlich günstiger anzubieten als hiesige Marktteilnehmer. Globalisierung und Digitalisierung sind keine Modeerscheinungen: Sie sind der Umbruch in ein neues unaufhaltbares Zeitalter.

Ich war selbst Angestellter – im Rettungsdienst und bei der Lufthansa. Die meisten Angestellten verwenden ein ganz bestimmtes Vokabular, wofür der Grundstein bereits in der Schule gelegt wird. Denn dort verlernen wir, eigene verantwortungsvolle Entscheidungen zu treffen. Sie sprechen von »denen da oben«, »zu denen« man nicht gehöre, »die sind schuld« und »wir« seien von ihnen abhängig – von ihren Entscheidungen und dem, was sie uns geben. Viele Angestellte führen ein Leben in der vermeintlichen Sicherheit und Bequemlichkeit, die ihnen die beste Ausrede einer Opferrolle ermöglichen: »Ich kann ja eh nichts ändern.«

Hinzu kommt der soziale Druck, den Prestige und gesellschaftlicher Status aufbauen, der weiterhin in vielen Familien allgegenwärtig ist: Du bist wer, wenn du Arzt, Rechtsanwalt, Pilot oder Ähnliches bist. Doch in Krisenzeiten kann all das wegbrechen, wie die Coronapandemie gezeigt hat, dann nämlich ist nichts davon sicher.

Das soll nicht heißen, dass MLM das perfekte Business wäre, aber die Krisen zeigen, dass es zumindest besser ist. Denn es ist ein Netzwerk, das einen trägt, wenn man es solide genug aufgebaut hat: ein Netzwerk, in dem man nicht passiv und abhängig ist, sondern selbst viel bewirken kann. Nach der Coronakrise wird die Welt eine andere sein. Wie sie für dich sein wird, hängt ganz von dir ab. Agierst du und hast einen Plan B? MLM ist ein möglicher.

Im Gegenteil zur vermeintlich sicheren Festanstellung ist das, was den meisten Menschen auf den ersten Blick unsicher und riskant erscheint, die neue Sicherheit: Wenn du auf deine Fähigkeiten, auf deine Talente und deine Beziehungen bauen kannst, wenn du selbst zu den Menschen gehörst, die etwas erschaffen, das anderen weiterhilft, bist du nie wieder abhängig davon, dass dich jemand in seinem Unternehmen einstellt. Wenn du nach einem Plan B suchst, solltest du Network-Marketing zumindest in Erwägung ziehen und sorgfältig mit anderen Geschäftsmodellen vergleichen.

Welche Gefühle kommen in dir auf, wenn du an deine Rente denkst? Spürst du dann nicht auch ein Unwohlsein in deinem Bauch? Ist da nicht diese Angst vor dem, was wir alle längst wissen, aber es sorgfältig verdrängen? Die Angst vor der Altersarmut? Wir können uns leicht ausrechnen, wie hoch die Wahrscheinlichkeit ist, dass unser Rentensystem einen Großteil der heute Angestellten später nicht vor der Altersarmut schützen wird – das gilt insbesondere für Frauen. Network-Marketing kann jetzt die Lösung sein, um dich vor diesem Schicksal zu bewahren. Vielleicht hast du nun eine Ausrede parat, findest dich etwa zu alt für neue Wege. Dann möchte ich dir von einem Freund berichten: Er ist einer der erfolgreichsten Network-Marketer der Welt. Er hat mir erzählt, dass in seinem Team zahlreiche Senioren arbeiten würden, die so ihre Rente verdreifachten – viele davon tun das aber auch einfach aus Spaß an der Arbeit im Netzwerk und der Gemeinschaft.

Es gibt laut Tony Robbins, dem großen amerikanischen Speaker, sechs Punkte, die Menschen motivieren – all diese deckt MLM optimal ab:

- **Sicherheit:** Es gibt einen stabilen Marketingplan.
- **Unsicherheit und Abenteuer:** Es gibt Incentives und Boni.
- **Einzigartigkeit:** Leistung wird deutlich anerkannt und es gibt viele Ehrungen.
- **Verbindung:** Eine große Gruppe von Menschen arbeitet an einem gemeinsamen Ziel.
- **Wachstum:** Keine andere Branche steht so sehr für persönliches Wachstum und die größte Lebensschule mit allen Facetten wie das MLM.
- **Zurückgeben:** Du hast den Raum, andere großzumachen und dich sozial zu engagieren.

Ich habe eine wichtige Information für dich, wenn du dich ernsthaft für MLM interessierst: Wohlstand ist kein exklusiver Club, der nur wenigen ausgesuchten Menschen vorbehalten ist. Jeder Mensch hat ein Recht auf Reichtum – auch du. Bedenke: Ich war Flugbegleiter mit einem Gehalt von 1500 DM! Doch das Hocharbeiten beginnt im Kopf – mit der Entscheidung, dass ein Leben in finanzieller Freiheit für alle zugänglich ist. Ja, stimmt, du brauchst vielleicht einen Schlüssel zu der Tür, die dort hinführt, aber das Gute an dieser Tür ist, dass nicht nur ein Schlüssel passt, sondern viele. Mein Schlüssel war das MLM. Dadurch habe ich mich vom

Angestellten zum Netzwerker und schließlich zum Unternehmer weiterentwickelt.

Ich kann dir hiermit also nur versichern: Dieser Weg steht auch dir offen! Keine Branche der Welt bietet dir einen so einfachen Einstieg in die Selbstständigkeit wie diese. Du brauchst lediglich einen Stift und ein paar Euro, bekommst dafür aber ein schlüsselfertiges Konzept, mit dem du sofort loslegen kannst. Du benötigst kein Geld für eine große Marketingstrategie, hast keine Fixkosten für ein Büro oder Ausstattung, sondern kannst dich einfach eintragen und starten – einerseits unabhängig und nur für dich, andererseits aber auch als Teil eines riesigen internationalen Teams, das *gemeinsam* in Richtung des Erfolgs geht. Es gibt bereits ein Backoffice, das sich kümmert und du kannst ortsunabhängig von überall auf der Welt mit hochwertigen Produkten arbeiten, in denen viel Liebe und Herzblut steckt.

Lass uns an dieser Stelle einen Blick auf die Geschichte des Direktvertriebs werfen, um deinen Blick für die natürlichen und unmissverständlichen Vorteile dieses Geschäfts zu öffnen. Vielleicht weißt du es noch aus deiner eigenen Erinnerung, wenn nicht, dann sprich mit deinen Eltern oder Großeltern darüber: Wie war der Direktvertrieb früher in der Dorfgemeinschaft organisiert? Denken wir dabei an den Fleischer oder den Bäcker: Beide waren früher Verkaufsstätten ohne Zwischenhändler – und ohne Werbung. Es ging einzig um Empfehlungen und Beziehungen. Wenn die eigenen Produkte und die Leistungen gut waren, sich die Kunden damit wohlgefühlt haben, kamen sie gern wieder – auch über den reinen Kauf hinaus. Zudem sprachen sie positiv über das Geschäft und die Leistung. Im Network-Marketing verhält es sich nach wie vor fast genauso: Dein Geschäft steht und fällt mit deiner Reputation. Du hast also einen direkten Einfluss auf deinen Erfolg. Es ist außerdem das fairste Geschäftsmodell der Welt, denn alle dürfen auf den Marktplatz und bekommen den gleichen Marketingplan.

MLM ist kein Lottospiel: Es hat nichts mit Glück zu tun, man muss nicht auf sechs Richtige setzen, die einen zu unendlichem

Reichtum führen. Network-Marketing ist ein Beruf. Ein Beruf, den man erlernen muss. Alle, die das verstanden haben, kommen wesentlich weiter in dieser Branche, in der Chancengleichheit herrscht – unabhängig vom Alter, der Nationalität, dem ursprünglichen Beruf, der Herkunft oder der politischen Ausrichtung. Das System behandelt alle gleich, ohne jemanden zu bevor- oder benachteiligen.

Bleiben wir kurz beim Beispiel des Bäckers: Jetzt stell dir einmal vor, du gehst in eine Bäckerei, dort wirst du ausnehmend freundlich bedient und das Brot oder die Brötchen und der Kuchen, die du gekauft hast, sind erstklassig und schmecken dir ausgezeichnet. Du erzählst deinen Freunden und Bekannten davon, die künftig auch bei diesem Bäcker einkaufen, weil sie selbst so begeistert von der Liebe für das Handwerk und der Qualität der Produkte sind. Wäre es denn nicht nur fair und darüber hinaus auch klug, dass du an dem wachsenden Umsatz des Bäckers mitverdienst? Das würde schließlich nur den Anreiz für deine Weiterempfehlungen noch steigern. Und genauso funktioniert Network-Marketing.

Die Handelsspanne (die Differenz zwischen dem Ein- und dem Verkaufspreis) erhält zu einem großen Anteil der Verkäufer, also der Empfehlungsgeber – fairer und transparenter geht es wohl kaum. Und nicht nur das, denn es wird noch besser: Du verdienst auch an dem Umsatzwachstum des Bäckers, der durch weitere Empfehlungen der dank dir neu hinzugekommenen Kunden erfolgt. Funfact: Eines der ersten MLM-Geschäfte war die California Perfume Company, die 1939 zu Avon umbenannt wurde.

MLM ist das ideale Geschäft für Menschen, die erfolgreich sein möchten. Für diejenigen, die es satthaben, dass sich jeder Tag gleich anfühlt, und die nun bereit sind, sich auf etwas Neues einzulassen. Für Menschen, die mehr Geld verdienen wollen, um ihren Familien endlich den verdienten Lifestyle bieten zu können. Für diejenigen, die nach Freiheit und Kreativität in ihrem Leben streben und gleichzeitig wahre Selbstverwirklichung erleben möchten. Dieses Geschäft zwingt alle früher oder später dazu, sich mit ihren persönlichen Werten und dem Sinn des eigenen Lebens auseinanderzusetzen. Was und was nicht Erfolg im Leben bedeutet, ist höchst individuell, daher ist es enorm wichtig, dass du dir über deine persönliche Definition, was Erfolg für dich bedeutet, bewusst wirst.

Network-Marketing bietet dir die Möglichkeit, von zu Hause aus zum Akteur deiner eigenen Wirtschaft zu werden, ohne dass du auch nur einen Cent für dein Marketing oder deine Werbung ausgeben musst. Du musst dich dafür nirgendwo bewerben, brauchst keinen Universitätsabschluss, keine 48 (unbezahlten) Praktika und keine Zertifikate – im Multi-Level-Marketing fragt niemand danach, was du vorher gemacht oder erreicht hast, denn der Marketingplan ist für alle gleich. Verabschiede dich von dem Gedanken, dass du »Geld haben musst, um Geld zu machen«. Aber was du im MLM brauchst, ist kein Geld, sondern Fleiß. Denkst du, es war Glück, dass ich vor zwanzig Jahren im Netzwerk-Marketing erfolgreich geworden bin? Denkst du, der Tobias-Beck-Podcast läuft durch Zufall so gut? Nein, beides habe ich durch eines erreicht: Fleiß.

Ich habe mich reingehängt, habe meine Hausaufgaben gemacht und nicht aufgegeben. Als ich damals mit Anfang 20 mit dem MLM begann, gab mir mein Sponsor einen Stapel mit hundert Anträgen und sagte: »Fülle die aus, baue einen Kundenstamm auf, denn nur durch begeisterte und zahlende Kunden funktioniert unser Business.« Ich habe also einfach ohne große Diskussion losgelegt und war in unserem Team schnell derjenige mit den meisten Kunden. Warum? Weil ich nicht so viel nachgedacht und nachgefragt habe, sondern einfach gemacht habe.

Das Gleiche war es beim Podcast: Die mehr als 25 Millionen Downloads sind nicht einfach so aus dem Internethimmel gefallen. Ich habe dafür über zweihundert Interviews geführt. Ist mir jeden Tag danach? Erscheint es mir jeden Tag als machbares Ziel? Nein, aber ich mache immer weiter – unermüdlich. Wenn das zu groß auf dich wirkt, stell es dir vor wie bei einer Honigbiene: Sie fliegt einfach jeden Tag von einer Blume zur nächsten und macht ihren Job. Tag für Tag, Blume für Blume. Immer weiter. Von der Biene kannst du aber noch etwas lernen: Ignorier die verdorrten Blumen, denn die kannst du nicht bestäuben, sondern flieg zu denen, die mitmachen wollen.

Was hält dich bei deinem Job, bei deinem Angestelltenverhältnis? Ist es Bequemlichkeit? Vermeintliche Sicherheit? Fall bitte nicht auf deine innere Stimme herein, die dir bei Zukunftsängsten hektisch »Halte einfach durch! Das wird schon noch besser!« zuruft, weil sie eigentlich nur Angst vor Verantwortung und Veränderung hat. Aber was ist in zehn Jahren mit deinem Leben, wenn du nichts veränderst? Richtig: Du bist zehn Jahre älter, aber dein Gehalt ist immer noch das gleiche. Du wünschst dir doch mehr für dich, oder etwa nicht? Mehr für deine Familie? Mehr Möglichkeiten, mehr Stolz, mehr Absicherung durch Unabhängigkeit vom noch vorherrschenden Wirtschaftssystem, mehr finanzielle Freiheit und mehr Persönlichkeitsentwicklung?

Denn das bedeutet MLM: erfolgreich zu sein, indem du unermüdlich in deine persönliche Weiterentwicklung investierst. Indem du kein guter Verkäufer, sondern ein guter Netzwerker und Experte für zwischenmenschliche Beziehungen wirst. Ein Menschenmagnet, der gelernt hat, sich für andere einzusetzen und den Menschen immer in den Fokus seiner Arbeit rückt. Du musst dafür nicht büffeln wie in der Schule – was nicht bedeutet, dass du nichts lernen musst, doch dazu mehr im Kapitel »Einstieg in die Selbstständigkeit«.

Vergiss bei MLM, was du in der Schule gelernt hast. Denn unser Schulsystem wurde entwickelt, um im 20. Jahrhundert unmündige Menschen in eine Form zu zwingen, die folgen, ohne zu hinterfragen, die sich beim Klingeln hinsetzen und leise sind, die bestenfalls in der Zeit der Industrialisierung in einer Fabrik am Band arbeiteten, schlimmstenfalls für Tyrannen in den Krieg zogen. Doch du lebst in einem neuen Jahrtausend und du bist mündig, also übernimm Verantwortung – für dich, deine Familie, dein Leben. Glaub mir, es gibt kaum eine größere Freiheit und Erfüllung.

Vielleicht sprechen dich andere Gründe an – MLM bietet vielfältige Anreize, was es eben auch zu so einer chancenreichen Branche macht. Du magst Abenteuer? Dann bist du im Network genau richtig und das Erklimmen jeder neuen Stufe ist Teil einer spannenden Reise, auf der du zahllose interessante Persönlichkeiten triffst, die du im »normalen« Leben niemals kennenlernen würdest. Mit einigen davon wirst du nur ein Stück des Weges gehen, andere werden dich für den Rest deines Lebens begleiten. Noch heute zähle ich einige wenige Menschen aus meiner Zeit im MLM zu meinen engsten Vertrauten. Unzählige Geschichten, mit denen ich heute Tausende Menschen erreiche, habe ich in dieser Zeit erlebt. Nirgendwo sonst erlebst du so viel Gemeinschaftssinn und hast so viel Spaß wie im Network-Marketing und während der Events. Nirgendwo sonst werden Erfolge so sehr gefeiert, werden Fleißige so gefördert und Aufstrebende so unterstützt. Es steigen sogar viele bereits erfolgreiche Menschen ins MLM ein: Sie haben zwar eine Menge Geld, aber wenig Zeit. Gleichzeitig brennt in ihnen der Wunsch, das Leben nach ihren eigenen Regeln zu spielen. Dafür gibt MLM uns den Raum.

Insbesondere wenn du Sicherheit liebst, solltest du MLM für dich als Geschäftsmodell in Betracht ziehen. In Krisenzeiten boomen Netzwerkgeschäfte, da die Menschen dann ihr Kaufverhalten verändern und darauf achten, von wem sie ihre Produkte kaufen: von Menschen, denen sie vertrauen. Du kannst deinen Weg auch Schritt für Schritt beginnen. Viele Menschen, denen ich in den letzten Jahrzehnten begegnet bin, hegten irgendwann den Traum, sich selbstständig zu machen, aber die meisten, die es auch wagten, sind gescheitert! Warum? Waren sie nicht motiviert genug? Ganz im Gegenteil! Jeder Mensch hat irgendeine Motivation, es fragt sich nur, wofür genau. Ich bin außerdem der Überzeugung, dass jeder Mensch eine Sache richtig gut kann und auch jeder das Zeug dazu hat, sich selbstständig zu machen. Doch meistens fangen die Probleme erst später an. Hier ein Beispiel:

Eine Freundin von mir – nennen wir sie Sarah – war Flugbegleiterin und eine begnadete Konditorin. Sie liebte das Backen und hatte ihre Leidenschaft dafür schon als kleines Kind in der großmütterlichen Backstube entdeckt. Irgendwann wurde sie von Freunden gefragt, ob sie für Hochzeiten und Geburtstage eine ihrer berühmten Torten machen würde – voller Hingabe war sie dabei. Sie fühlte sich erfüllt und wertgeschätzt. Dann kamen Freunde von Freunden mit Aufträgen, Sarah lieferte Torten aus und bekam dafür Geschenke und vor allem Aufmerksamkeit. Im Laufe der Zeit wuchs der Wunsch nach der Selbstständigkeit immer mehr. Ihre Familie und Freunde bestärkten sie in der Überzeugung, aus dem Nebeneinkommen einen Vollzeitverdienst generieren zu können und in die Unabhängigkeit zu kommen. Sarah kündigte ihre Festanstellung, eröffnete eine kleine Konditorei und die ersten Wochen liefen phänomenal.

Doch dann veränderte sich Sarahs Leben. Bei einer Gartenparty berichtete sie mir von Auflagen verschiedener Ämter, einem komplizierten Kassensystem, Inventur, Management, Verträgen mit Zulieferern, Steuererklärungen, rechtlichen Anforderungen und der Führung von Mitarbeitern. Ihr Begeisterungsfeuer war über all dem erloschen. Sie fragte sich, warum sie nicht mehr in ihrer Stärke sein konnte, sondern nun andauernd gezwungen war, Sachen zu tun, von denen sie keine Ahnung hatte und die ihr keine Freude machten. Zudem verspürte sie mittlerweile eine große Verunsicherung, weil sie ihren Hauptjob gekündigt hatte. Doch damit noch nicht genug: Sarah hatte eine gute Freundin, die ihr bei der Geschäftseröffnung geholfen hatte. Sie war in alle Prozesse eingebunden und bekam von Sarah alle Rezepte, Kontakte und Zugänge zu allen Geschäftsdateien. Als Sarah dann ins Straucheln geriet, eröffnete diese »Freundin« gemeinsam mit ihrem Partner, einem Buchhalter, ein Kuchen- und Waffelhaus. Sarah war Opfer des sogenannten Business-Kannibalismus geworden. Die gute Nachricht: Das bleibt dir im MLM erspart!

Jim Rohn, einer der größten Redner aller Zeiten, sagte immer: »Arbeite Teilzeit an deinem Traum und Vollzeit in deinem Job.« Erst wenn du mit deinem Traum ebenso viel Umsatz generierst, wie du in deinem Vollzeitjob verdienst, darfst du an eine Kündigung denken. Investiere also jeden Tag die Zeit in dein Business, die du sonst mit sinnloser Berieselung, dem Versumpfen in sozialen Netzwerken und dem immer nächsten Serienmarathon verbringst. Bau dir also lieber ein Netzwerk auf, damit du den Spieß möglichst schnell umdrehen und Vollzeit für deinen Traum arbeiten kannst. Erst dann gehst du zu deinem Chef und sagst: »Ich habe ein Augenleiden, ich kann mich hier nicht mehr arbeiten sehen!«

Auch wenn du längst selbstständig bist, ist das Geschäftsmodell des MLM ideal. Denn wenn du mehr als nur eine Rakete auf deine Abschussrampe stellst, ist die Chance, dass eine von ihnen tatsächlich zündet und dich wirtschaftlich und persönlich in ungeahnte Höhen katapultiert, dementsprechend höher. Wenn du wirklich erfolgreich sein möchtest, musst du eine Hebelwirkung in deinem Leben erzielen – diesen Hebel in Bewegung zu setzen, wird dich zunächst vielleicht etwas Kraft kosten, er wird dir aber zu durchschlagendem Erfolg verhelfen. Und dieser Hebel kann das Network-Marketing für dich sein. Im Kapitel »Wachstum« erfährst du noch mehr über dieses Prinzip.

Zudem sprechen steuerliche Aspekte für das MLM. Du startest dein Geschäft und kannst von Anfang an unternehmerische Vorteile genießen, wie alle möglichen Posten von der Steuer abzusetzen: dein Auto, die Benzin- und Reisekosten, dein (separates) Arbeitszimmer, Computer, Handy und vieles mehr. Viele Aspekte deines täglichen Gebrauchs kannst du steuerlich geltend machen und so zusätzlich von deiner Arbeit profitieren.

Network-Marketing wächst auf der ganzen Welt so unglaublich schnell, dass du dich eigentlich nur andocken musst. Stell dir das Ganze wie ein riesiges Rohr vor, das das gesamte Land, ja, die gesamte Welt durchzieht. Durch dieses Rohr rauschen unentwegt Produkte, Geldscheine und Partner. An dieses große Rohr musst du dich als kleines Rohr nur ankoppeln, um vom Erfolg zu profitieren.

Willst du mit offenem Mund danebenstehen und staunen – oder willst du losgehen, dich andocken und dir ein neues Leben aufbauen? Du hast dir dieses Buch gekauft, also wirst du dich wohl für die zweite Variante entschieden haben. Vielleicht resonieren ein oder sogar mehrere Gründe, die ich hier aufgeführt habe und die für MLM sprechen, in dir. Ich möchte dich aus tiefstem Herzen darin bekräftigen, deinem Mut zu vertrauen und loszulegen. Du bist schließlich aus einem bestimmten Grund hier: auf diesem Planeten und mit diesem Buch in den Händen.

Übernimm die Verantwortung für dein Leben und verändere etwas – zunächst deine eigene Welt und von da aus die deiner Mitmenschen. Du denkst, dass ein Mensch allein, dass du allein das nicht kannst? Dann lass mich dir erzählen, wie mein Mentor und Sponsor Kay die Richtung meines Lebens verändert hat. Bevor ich Kay begegnete, lief ich wie viele andere durch die Welt: ängstlich und verunsichert. Mein Einstieg ins MLM hat alles verändert und der Eindruck, den Kays Leichtigkeit im Umgang mit diesem Geschäft auf mich gemacht hat, beeindruckt und begleitet mich bis heute. Ich habe von ihm gelernt, wie ich selbst Menschenleben verändern und anderen wiederum die Chance geben kann, das Gleiche zu tun.

Wie ist es mit dir? Bist du bereit, dein Leben und das deiner Mitmenschen zu verändern? Dann lass uns gemeinsam loslegen.

Einstellung

Vielleicht stehst du ganz am Anfang deiner Laufbahn im MLM und das Verhalten mancher Networker wirkt befremdlich auf dich. Vielleicht bist du aber auch schon länger dabei und begeistert, verstehst aber nicht, warum manche Menschen zögerlich und abschätzig reagieren. Dazu möchte ich dir eine Geschichte erzählen:

Ich war selbst noch nicht lange im Netzwerk unterwegs, als ich einmal mit meinem damaligen Regional Vice Manager aneinandergeriet. Ich habe ihn angeschrien, dass ich es nicht ertrage, auch nur noch ein einziges Video mit einem in die Ferne fliegenden Weißkopfseeadler zu sehen oder Veranstaltungen zu besuchen, bei denen Menschen auf dem Stuhl standen, die Arme in die Luft rissen und eine Party feierten. Ich verbot ihm, in meiner Struktur dieses Video zu zeigen und drohte ihm, sonst sofort das Netzwerk zu verlassen. Ein Jahr später stand ich selbst mit den Armen in der Luft auf einem Stuhl und zeigte ähnliche Videos. Was war also geschehen? Mir war bewusst geworden, dass die Brille, durch die ich die ganze Zeit geblickt hatte, nicht mir gehörte: Sie gehörte dem Schulsystem, das mich geprägt und mir beigebracht hatte, dass Arbeit keinen Spaß machen und kein Genuss sein dürfte.

Wie ist es bei dir? Welche Glaubenssätze über Arbeit trägst du in dir? Es ist unwichtig, wo du dich in deiner Laufbahn befindest, wo du auf der Karriereleiter stehst: Überprüfe die Brille, durch die du blickst, und reflektiere, ob du sie brauchst, ob sie deinen Blick schärft oder dich eher blind macht, ob sie dir dient oder ob sie vielleicht gar nicht dir gehört.

Du möchtest im MLM erfolgreich werden? Dann musst du eine neue Rolle annehmen: Das Regelschulsystem hat dich zum Schaf konditioniert, dazu, nach Fehlern zu suchen, Verantwortung abzugeben und mit der Herde mitzulaufen. Jetzt ist es an der Zeit, Verantwortung zu übernehmen, zum Hirten deines Lebens zu werden, also dich selbst und andere zu leiten. Dafür muss sich vor allem deine Persönlichkeit entwickeln und MLM ist der richtige Nährboden dafür, denn du musst hier Antworten auf Fragen finden, die im klassischen System »Arbeitnehmer, Arbeitgeber und Selbstständige« nicht gestellt werden. Deine Einstellung ist dafür der alles entscheidende Faktor, denn das Network-Marketing ist ein energetischer Cha-Cha-Cha.

Dieses Buch ist weder ein Lebenshilfekabarett noch beabsichtige ich, in mentalen Mülltonnen herumzuwühlen. Jedoch gibt es ein paar Punkte, die ich dir in Bezug auf die richtige innere Einstellung mit auf den Weg geben möchte, die im erfolgreichen MLM unverzichtbar ist. Wie ich im vorherigen Kapitel bereits geschrieben habe: Sicherheit ist eine Illusion – zumindest in den allermeisten Bereichen. Auf rund 90 Prozent der Ereignisse in deinem Leben hast du keinen Einfluss. Du kannst nur in seltenen Fällen die Kontrolle über das, was passiert, behalten. Doch du kannst deine eigene Reaktion darauf kontrollieren: Du kannst beeinflussen, wie du dich fühlst und mit welcher Intention du jeden Tag aufstehst. Ich habe außerdem eine gute Nachricht für dich: Du kannst wählen – dein Umfeld, deine Arbeit und die Richtung, die du im Leben einschlagen willst. Du kannst an dir arbeiten und damit auch an deinem Erfolg. Deine innere Arbeit ist dabei unerlässlich, wenn du in dieser Branche ganz oben mitspielen willst. Du musst einen Hunger in dir tragen, danach, dich immer weiterzuentwickeln, an deine Leistungsgrenzen zu gehen und über sie hinauszuwachsen.

Jetzt mal Hand aufs Herz: Ist es da, wo du gerade in deinem Leben stehst, nicht ziemlich gemütlich? Wie bequem hast du dir deine Komfortzone eingerichtet? Wie komfortabel ist es gerade für dich, dir immer wieder selbst zu erzählen, dass Erfolg eben nicht jedem möglich sei? Leider wird dich dieses Gefühl des Komforts niemals stolz machen. Ja, der Weg der Veränderung ist unbequem. Hier ist die einzige Gemeinsamkeit zwischen erfolgreichen und erfolglosen Menschen: Sie HASSEN den Weg, den sie gehen müssen. Und gleichzeitig ist diese Gemeinsamkeit die Basis für den grundlegenden Unterschied beider Typen: Die Erfolgreichen gehen den Weg trotzdem. Und das musst du auch tun! Denn: Ob Veränderung gelingt, hat nie etwas mit Glück oder Können zu tun, sondern nur mit Motivation.

Ein regionaler Vizepräsident aus den Niederlanden schenkte mir einst ein Buch, mit der Bitte, dieses zu Hause durchzuarbeiten. Das habe zuvor sein Leben verändert. Als ich es zu Hause aufschlug, blätterte ich darin herum. Ich blätterte und blätterte – doch alle Seiten waren weiß. Ich rief ihn an, um ihn zu fragen, was das zu bedeuten habe. Ich werde nie vergessen, wie er mir mit seinem niederländischen Akzent antwortete: »Es ist an der Zeit, dein Buch des Lebens neu zu schreiben, Tobi.«

Er stellte mir dazu die folgenden Fragen, die auch du dir stellen solltest:

- Wie soll es heißen?
- Wer ist der Hauptdarsteller?
- Wie lebt er?
- Wo lebt er?
- Mit wem lebt er?
- Was tut er?
- Was tut er für andere?
- Welche Nebencharaktere gibt es?

Und dann sagte er zu mir: »Du und niemand anderes schreibt dieses Buch, Tobi.«

Aber beantworte dir selbst nicht nur diese Fragen aus der Liste, sondern nimm die Antworten als Grundlage für das Drehbuch des Kinofilms deines Lebens.

Du bist der Drehbuchautor deines Lebens, aber gleichzeitig auch sein Regisseur und Produzent. Doch woher nimmst du nun die Motivation zur Veränderung? Dafür musst du hungrig sein – hungrig auf dein Leben. Wenn du dich in der Welt umschaust, wirst du feststellen, dass es erschreckend viele Menschen gibt, die eher an Marsmenschen als an sich selbst und ihre eigenen Möglichkeiten glauben. Allerdings musst du dich dann nicht dafür rechtfertigen, wenn du dich und dein Leben feierst, nur weil das in deinem Umfeld vielleicht nur wenige Menschen tun.

Lass dich auf eine Affäre mit deinem Leben ein: mit allen Möglichkeiten, Höhen und Tiefen, die es für dich bereithält – und vielleicht wird daraus dann die ganz große Liebe. Die Chancen dafür stehen gut! Denn was geschieht, wenn du dich in dein Leben verliebst? Du kommst in den sogenannten Flow, und wenn du im Flow bist, vergisst du dich selbst – im besten Sinne. Dann hörst du auf, die Aufmerksamkeit deines Umfelds über deine Probleme zu generieren, sondern beginnst, die Probleme anderer Menschen zu lösen – was vieles ins Gleichgewicht bringen wird. Das ist ein karmisches Gesetz. Und der einfachste Weg, um im MLM erfolgreich zu werden, harmonisiert mit diesem Gesetz: Bleibe immer menschlich und immer hungrig danach, mehr für dein Umfeld zu tun als alle anderen, die du kennst.

Du bist bei der Lektüre dieses Buch noch nicht besonders weit, aber ich möchte dich bitten, es nur dann weiterzulesen, wenn du die folgende Frage aus tiefstem Herzen bejahen kannst. Ansonsten suche dir bitte einen anderen Weg und Mentor, denn dann wirst du im MLM keinen Erfolg haben. Die Frage lautet: Bist du hier, weil du echte Begeisterung verspürst? Dies ist wichtig, denn

Begeisterung und die Bereitschaft, ins Tun zu kommen, sind die Grundvoraussetzungen, um in dieser Branche richtig durchzustarten. Erzähle dir und mir nicht, dass du dieses Buch nur für ein wenig Inspiration in den Händen hältst. Du gehst schließlich auch nicht zu McDonald's, um dir nur ein bisschen die Speisekarte anzugucken, oder fährst zur Tankstelle, um dich von den Benzinpreisen auf neue Ideen bringen zu lassen.

Du liest dieses Buch, weil dein Herz nach mehr schreit. Die Zeit, um sich nur ein bisschen inspirieren zu lassen, ist vorbei. Du musst jetzt losgehen – für dein Leben, die Ehre, den Wohlstand deiner Familie. Und für deinen Stolz. Gehörst du zu den Menschen, die aufstehen oder nicht? Nutzt du dieses Buch und MLM nur als Sprungbrett oder erkennst du die echte Chance, die darin liegt – und ergreifst sie? Dann lies weiter!

Vielleicht ist der Einstieg ins Network-Marketing hart. Denn dafür brauchst du Motivation, Lernbereitschaft und die richtige innere Haltung. Wie du mit Ablehnung umgehen lernst, erfährst du in den folgenden Kapiteln. Doch wenn du es bei MLM schaffst, dann schaffst du es überall – ich weiß, wovon ich spreche, denn ich habe diesen Weg bereits hinter mir. Doch du musst nicht nur zum Lernen und Geben bereit sein, sondern brauchst zudem einen starken Charakter, eine Klarheit darüber, welche Werte dir wichtig sind, und die Größe, für diese auch einzustehen. Denn Menschen spüren es, wenn sie jemanden vor sich haben, der innerlich gerade mal so gefestigt ist wie ein Fähnlein im Wind. Einer solchen Person werden sie sich nicht anvertrauen – sich selbst nicht und auch nicht ihr Geld.

Für Erfolg im Network-Marketing ist zur Hälfte das richtige Mindset verantwortlich. Dabei gibt es im Prinzip auch nur zwei Richtungen: Entweder ist dein Schmerz besonders groß und du willst von etwas weg, oder deine Lust ist so enorm und du willst zu etwas hin. Auf beiden Wegen wird es Hindernisse geben. Ich erinnere mich noch gut an meine Anfangszeit im Network-Marketing: Meine Freunde und Bekannte haben mich zum Großteil ausgelacht, weil sie noch keine Resultate sehen konnten. Ich bin damals in meinem Fiat Uno – meinen Kommunionsanzug tragend – an ihnen vorbeigefahren und sie riefen: »Seht mal, da fährt der zukünftige Millionär!«

Eine weitere Erinnerung an diese oft schmerzhafte Zeit ist für mich unvergesslich: Ich hatte zu dem Zeitpunkt die zweithöchste Position in dem Network-Unternehmen erreicht, in dem ich tätig war. Ich war unfassbar stolz, als meine Eltern mich an einem Wochenende zu sich nach Hause einluden. Ich trug meine Auszeichnung, meinen Pin, am Revers und fuhr mit Vorfreude auf den Apfelstreuselkuchen meiner Mutter vor meinem Elternhaus vor. Davor standen viele Autos, das Auto meines französischen Onkels sowie von anderen Verwandten aus Frankreich und den Niederlanden. Ich verstand zwar nicht genau, warum sie auch alle hier waren, aber ich freute mich auf das unvermutete Treffen, weil ich mir sicher war, dass sie sich auch über meinen Erfolg freuen würden – weil ich endlich das gefunden hatte, worin ich gut war. Ich betrat also voller Zuversicht das elterliche Wohnzimmer, in dem Stühle in einem Halbkreis aufgestellt waren. Meine Verwandten saßen dort und warteten auf mich: eine Intervention. Ich musste mich vor diesen Halbkreis setzen und mir anhören, dass ich eine Schande für meine Familie sei. Mein Onkel betonte sogar, dass ich als Teil dieses illegalen Schneeballsystems noch die ganze Familie in den Dreck ziehen würde. Ich war schockiert, aber auch mutig und antwortete. Ich sagte zu meinem Onkel. »Wenn ich das tue, was du tust, dann habe ich mit 50 Jahren das, was du hast, und bin, wie du bist – und das reicht mir nicht.« Danach bin ich aufgestanden und gegangen, und habe diese Entscheidung, so schwer mir dieser Augenblick auch fiel, nie bereut. Im Gegenteil: Es war ein riesiger Motivationsschub für mich.

Wir Menschen sind soziale Wesen. Der Wunsch nach Anerkennung anderer entspricht unserem Grundbedürfnis nach Bindung. Sei dir darüber bewusst, dass du dir mit deinem Start ins MLM voraussichtlich die Anerkennung eines Großteils deines

Umfelds selbst entziehen wirst – nämlich all derer, die nicht im Network tätig sind. Sie blicken durch ihre Brille, die im alten System verhaftet ist. Sie sind wahrscheinlich angestellt, vielleicht sogar selbst unternehmerisch tätig, aber sie sind blind für das, was du tust und was es dir bringen wird. Es wird dauern, bis du große finanzielle Erfolge feiern kannst. Aber sie werden kommen, wenn du den Regeln folgst. Dennoch braucht es seine Zeit und ich würde dich belügen, wenn ich etwas anderes schreiben würde. Viele, die im Network starten, brechen an genau diesen Punkten ein, weil sie sich sozial isoliert fühlen und dem nicht gewachsen sind.

Sei dir sicher, dass du jede Menge Gegenwind aus deinem Umfeld bekommen wirst, wenn du ins MLM einsteigst. Oder du hast die Erfahrung vielleicht sogar schon gemacht, dann musst du nicht nur stark sein, sondern brauchst auch eine Vision für dein Leben, die größer ist als dieser Widerstand. Anders wirst du diese Etappe nicht durchstehen. Ja, all das tut weh. Aber wenn du in der Zukunft mehr willst als deinen Schmerz, an den du dich so gewöhnt hast, dann nimm diesen neuen Wachstumsschmerz in Kauf – hier beginnt die Veränderung.

Doch wie erschaffst du dir ein kugelsicheres Mindset, das aller Kritik und Anfeindung von außen standhält? Schreibe dir deine Träume und Ziele auf, kämpfe für sie und mache sie größer als alles andere in deinem Leben. Ich lade dich also dazu ein, dir im Hier und Jetzt deine Ziele aufzuschreiben. An dieser Stelle reicht eine grobe Liste, denn ein paar Übungen folgen noch.

Mein kugelsicheres Mindset habe ich zu großen Teilen bei Network-Marketing-Events geschmiedet. Ich habe zugehört, mitgeschrieben und den bekannten Sprechern auf der Bühne genauestens zugehört. Irgendwann hatte ich eine führende Position erreicht und wurde zusammen mit anderen internationalen Führungskräften nach Detroit zu einem Leadership Training eingeladen.

Dort bin ich einem dieser Menschen begegnet, die mein Leben mit am nachhaltigsten geprägt haben: Larry. Über das, was er dort im Detail mit mir und meinen Vorstellungen gemacht hat, könnte ich wiederum ein eigenes Buch schreiben. Aber lass es mich so formulieren: Er hat sich mein Gehirn zur Brust genommen, vier Tage lang darauf Stepptanz getanzt und es mir dann wieder zurückgegeben. Larry hat mir eingetrichtert, dass niemand – also wirklich niemand! – auf der Welt das Recht hat, mir meine Träume, meinen Drive und meinen tiefen Glauben daran zu nehmen, für meine eigene Familie etwas aufzubauen.

Als ich aus Detroit zurückkam, hatte sich bei mir der Schalter umgelegt. In dem darauffolgenden Monat hatte ich mehr Umsatz gemacht und mehr Menschen gewonnen als in den gesamten zwei Jahren zuvor. Solche Schalter in dir findest du nur auf Veranstaltungen und wenn du dich mit Menschen umgibst, die weiter sind als du und größer denken als du. Stelle dir einmal die Frage, welchem Menschen – entweder in deinem Umfeld oder bei deinen Vorbildern – du gebannt während seiner Präsentation zuhören würdest. Welche Charaktereigenschaften hat diese Person? Was fesselt dich an der Person so sehr? Genau diese Aspekte darfst du bei dir kultivieren und weiterentwickeln.

Schreibe dir hier die Liste deiner Vorbilder und deiner Mentoren auf. Notiere dir neben ihrem Namen deren Eigenschaften, die du in dir stärken möchtest – sie liegen in dir, sonst würden sie nicht in dir resonieren.

In sechs Schritten zu deinem Gewinner-Mindset: Die Network-DNA

Alle großen Networker, die ich kenne, haben eine individuelle Geschichte, sind ihren eigenen Weg gegangen. Doch sie verbindet eins, ein gemeinsamer innerer Code des Erfolgs: Ich nenne es die Network-DNA. Ich liefere dir in diesem Kapitel die sechs Punkte, die die erfolgreichsten Networker so tief verinnerlicht haben, dass sie im Quellcode ihrer Zellen zu finden sind.

1. Programmiere dein Gehirn auf Erfolg

Alle, die im MLM erfolgreich sind, haben ihr Gehirn darauf programmiert. Das heißt, du musst heute schon deinen Körper und deinen Geist über die Ernte informieren, die du in der Zukunft einfahren willst. Das bedeutet nicht, dass du jetzt plötzlich auf großem Fuß leben oder überheblich werden sollst. Es geht vielmehr um eine innere und äußere Haltung, die du einnehmen musst, eine Haltung, die Positivität, Güte und Entschlossenheit ausstrahlt. Wenn du dich körperlich und emotional aufrichtest, wenn du auf deinen Rahmen achtest, auf deinen Auftritt, kann dein Gehirn gar nicht anders, als den Weg des Erfolgs einzuschlagen. Nimm also schon jetzt die innere Haltung eines erfolgreichen Menschen ein – dein Gehirn kann nicht erkennen, ob dies schon Teil der Realität ist, aber es kann dich dort hinbringen, wenn du dich bereits jetzt mit Körper, Geist und Emotion darauf fokussierst. Wie das funktioniert? Beginne damit, dankbar für das zu sein, was ist, und für alles, was in deiner Zukunft kommen wird. Wertschätze jeden Tag das Gute, das jetzt schon in deinem Leben ist, und erlebe, wie du daraus immer mehr Kraft und Freude schöpfst. Und dann? Lass deine Ergebnisse für dich sprechen: Macher hinterlassen eine Spur überdurchschnittlicher Resultate. Sie reden nicht darüber. Nimm dein Business vom ersten Moment an ernst: Es ist kein Hobby! Hobbys kosten Geld, Geschäfte aber bringen es. Gründe dein Gefühl auf dieser Einstellung.

2. Erhöhe deinen Standard

Prüfe ab sofort ganz genau, wer zu deiner Gartenparty kommen darf. Denn du hast eine Ansammlung von Nervenzellen in deinem Gehirn, die du lieber nicht unbeaufsichtigt lässt: Deine Spiegelneuronen arbeiten unermüdlich. Ob sie aber für oder gegen dich arbeiten, entscheidest du anhand der Wahl deines Umfelds. Denn deine Spiegelneuronen lassen dich das Verhalten der Menschen um dich nachahmen. Dein Einfluss auf diesen Prozess? Der ist schwindend gering. Es heißt nicht umsonst, dass wir die Summe der fünf Menschen sind, mit denen wir die meiste Zeit verbringen. Also prüfe und setze deinen Standard nach oben. Wem hörst du zu? Mit wem telefonierst du? Wer darf dich inspirieren und motivieren? Wer bringt dich auf weise Art in deinem Vorhaben weiter? Suche die Nähe der Menschen, die dort sind, wohin du auch möchtest. Wenn du sie (noch) nicht persönlich erreichst, konsumiere ihre Inhalte, lies ihre Bücher, besuche ihre Seminare, höre dir ihre Talks und Podcasts an. Stelle dir immer wieder die Frage: Wo sind diese Menschen? Welche Veranstaltungen besuchen sie? Wo gehen sie essen? Wie bewegen sie sich? Wie und mit wem sprechen sie und über was? Es gibt ein von mir häufig beobachtetes und verblüffend einfaches und faszinierendes Phänomen: Modelling of excellence (eng.) oder auf Deutsch: Modellierung von Exzellenz. Letzteres bedeutet einfach nur: Lerne von den Besten. Dabei geht es hier um das aktive Abgucken und Nachahmen von Verhaltensweisen erfolgreicher Menschen. Während das Abgucken in der Schule verboten war, ist es in diesem Zusammenhang erlaubt und kann dich um Lichtjahre nach vorne katapultieren. Lernen von den Besten ist das cleverste, was du machen kannst und gleichzeitig in deinem Entwicklungsprozess nicht neu. Sprechen, laufen, Fahrrad fahren hast du dir als Kind von den Größeren abgeschaut, es ihnen nachgemacht und geübt. Du musst nichts Neues erfinden und kannst einfach die Verhaltensweisen der erfolgreichsten Menschen in deiner Organisation oder in deinem Umfeld imitieren. Die Chance, dass du ähnliche Resultate erzielen wirst, ist dabei sehr hoch. Aber vergiss nicht, auch beim Fahrradfahren hast du dich zu Beginn schwer getan, bist gestürzt und hast geflucht. In deinem persönlichen Wachstum wird das auch so sein. Es geht also um beschleunigtes Lernen und du kannst zudem gezielt Schritte auslassen, um die Fehler deiner »Vorgänger« nicht zu wiederholen. Es geht aber um viel mehr als »copy and paste«, denn du darfst bei den erfolgreichen Menschen nicht nur auf deren Verhalten, sondern auch auf deren Werte, Erfahrungen und Fertigkeiten schauen, die du dir in diesem Prozess zusätzlich aneignen darfst. All das gleichst du am besten immer mit deinem »Zukunftsich« ab und stellst dir immer wieder die Frage, wer oder wie will »ich« werden und sein?

Auch bei deinem täglichen Tun musst du deinen Standard erhöhen, um andere Resultate zu haben.

Lebe schon heute so, wie du später leben möchtest – im Rahmen deiner jetzigen Möglichkeiten. Fahre bewusst in der 1. Klasse im Zug oder buche bewusst einen Businessflug. Warum? Nicht um dich abzuheben, sondern weil du dich anders fühlst, eine andere Ausstrahlung hast und – weil du andere Menschen triffst und andere Gespräche führst. Diese sind weder besser noch schlechter, jedoch wird in der 1. Klasse häufiger über Business gesprochen. Zu Beginn meiner Karriere im Network Marketing hatte ich nicht genug Geld für ein teures Ticket und habe einen kleinen Trick angewendet, um mit den Menschen in der 1. Klasse in Kontakt zu kommen: Ich habe mich an einen 4er Tisch im Speisewagen gesetzt, etwas zu trinken bestellt und gewartet, bis sich Menschen von vorne neben mich gesetzt haben. Dadurch habe ich einige meiner besten Führungskräfte zum Mitmachen animieren können. Zudem habe ich »immer« ein paar hundert Euro Bargeld dabei, denn damit habe ich auch beim Ausfall des Kreditkartenlesegerätes die Möglichkeit, andere Menschen einzuladen. Und ja, du bewegst dich anders, wenn dein Unterbewusstsein weiß: »ich könnte, wenn ich wollte«.

Probiere mal folgendes aus:

Geh lieber einmal im Monat ins beste Restaurant der Stadt, genieße die Atmosphäre und spüre den Unterschied. Überleg mal kurz – in welchen guten Restaurants warst du schon essen? Kannst du dich an Details erinnern? Wie gut war der Geschmack? Wie besonders war das Ambiente? Wie freundlich der Service? Mit wem warst du dort und wen hast du kennengelernt? Es ist ein Erlebnis in einem guten Restaurant zu essen. Es ist ein Lebensmoment und Teil des Lifestyles erfolgreicher Menschen, an den du dich auch lange danach noch erinnerst. Wenn du mich fragst, werden die besten Business Deals in den besten Restaurants gemacht und selbstverständlich lädst du deine Geschäftspartner ein. Das gehört nicht nur zum guten Ton, sondern Großzügigkeit zahlt sich immer aus und kommt doppelt und dreifach zu dir zurück. Ich persönlich habe übrigens eine große Freude daran Menschen zum Essen auszuführen, oder ihnen auf der ganzen Welt die besten Restaurants und Bars zu zeigen. Erinnern werden sich andere an Lebensmomente mit dir, welche sie mit dem Business, welches ihr zusammen aufbaut verbinden. Und vergiss nicht: Alles dupliziert sich! Auch dein Lifestyle …

Auch bei der Wahl deines Outfits kann ich dir nur raten auf Qualität zu achten. Warum? Weil du andere Menschen anziehst.

Kaufe dir bewusst einen guten Gürtel, der zehn Jahre hält und Qualität und Wertigkeit ausstrahlt, anstatt zehn billige beim Modediscounter. Du wirst dich anders fühlen, anders gehen und es hat einen Effekt auf dein Geschäft. Regel Nummer 1. Dabei: keine Fakes, denn die erkennen andere auf zehn Kilometer Entfernung. Es gibt nichts Peinlicheres, als auf der Seite der Munichwristbusters zu landen, die regelmäßig Fake-Uhren von Möchtegern-Unternehmern entlarven. Das ist nicht nur peinlich, sondern schadet deiner Reputation und deinem Geschäft.

Denkst du gerade: »Aber Tobi, das ist jetzt sehr oberflächlich!« – JA! Das ist oberflächlich. Weil Menschen oberflächlich sind. Sie gehen immer von Außen nach Innen. Als erstes nehmen sie dein Aussehen, dein Auftreten und deinen Lifestyle wahr. Also sorge dafür, dass dein Lifestyle das ausstrahlt, was Menschen, die »du« suchst, und mit denen »du« etwas Großes im Network aufbauen willst, anzieht.

Erhöhe am besten in allen Lebensbereichen deinen Standard. Solltest du mehr Sport machen? Solltest du mehr Zeit mit deinen Kindern verbringen? Solltest du mehr Anrufe machen, um im Network erfolgreicher zu sein? – MACH ES! Plan es dir fest ein.

Du bist nicht fertig, wenn du müde bist. Du bist fertig, wenn du fertig bist. Wenn du das geschafft hast, was du dir vorgenommen hast.

Ich selbst gehe zum Beispiel erst schlafen, wenn mein E-Mail-Postfach abgearbeitet und alle Aufgaben erledigt sind. Und sollte abends um 22.00 Uhr eine Mail von meinem Team kommen, mit dem Auftrag, ein Video aufzunehmen, dann gehe ich nochmal duschen und nehme dieses Video auf. Ich schiebe nichts vor mir her. Warum? Weil ich auch nicht will, dass mein Team Aufgaben vor sich herschiebt.

Klingt hart? – Ist es auch. Für einen gewissen Zeitraum. Arbeite hart, um dann ein leichtes Leben zu führen. Oder arbeite 40 Jahre, 40 Stunden pro Woche, um dann mit 40 Prozent vom letzten Nettogehalt in Rente zu gehen. Deine Wahl. Und alles ist okay. Ich sage nicht, dass jeder das tun muss, was ich hier schreibe. Ich sage aber: Wenn du ein wirklich selbstbestimmtes und freies Leben führen möchtest, dann musst du für eine gewisse Zeit härter arbeiten als die Masse. Dann ist nämlich eine 40-Stunden-Woche im Verhältnis zu dem, was du ein paar Jahre leistest ein Teilzeitjob.

3. Erfolg und Leid liegen immer nahe beieinander

Je erfolgreicher du wirst, desto leibhaftiger wirst du erleben, dass der Wind niemals nur von hinten bläst, um dich voranzubringen. Anfang 2020 habe ich mal wieder intensiv zu spüren bekommen, dass auf Flut auch wieder die Ebbe folgt – und umgekehrt. Die Antwort einer Zeitung auf den Erfolg meines Unternehmens und meiner Seminare hätte vernichtend sein können. Im Glossar einer großen Tageszeitung habe ich ungefragt eine traurige Hauptrolle zugespielt bekommen, denn dort wurden mir und meiner Arbeit schlimme Vorwürfe gemacht. Hat mich das umgeworfen? Hat es mich aufgehalten? Nein, denn ich weiß, was unmittelbar nach der Ebbe eintritt: die Flut. Und so strömten nach der reißerischen Berichterstattung Massen liebevoller Nachrichten aus allen Winkeln der Welt, aus dem ganzen Internet, aus meinem Umfeld und meiner Community in meine Richtung. Wenn du dich im Wachstum befindest, musst du Negatives ignorieren, denn die Kritik kommt mit dem Erfolg. Lerne, sie als gutes Zeichen zu werten und mach weiter wie bis dahin. Nur tote Fische schwimmen mit dem Strom. Gegenwind mag zwar anstrengend sein, doch er trennt die Spreu vom Weizen – diejenigen, die hier durchhalten, können alles schaffen.

4. Sei besessen

Bislang habe ich meist davon geschrieben, dass du begeistert sein musst – von deinem Leben und dem, was du tust. Doch lass es mich an dieser Stelle unumwunden benennen: Wenn du im MLM ganz oben mitspielen möchtest, musst du davon besessen sein, und zwar so sehr, dass es anderen Menschen vielleicht unheimlich erscheint. Es reicht nicht aus, deine Arbeit »ganz gut« oder »nett« zu finden. Die wahren Profi-Networker wären im Mittelalter für ihre Begeisterung und ihr Mindset verbrannt worden – das ist das Niveau, über das wir hier sprechen. Denn diese Besessenheit lässt dich weitermachen, wenn die Ebbe kommt. Sie lässt dich mit dem Gegenwind kämpfen. Sie lässt dich den Kopf auch bei Ablehnung oben halten. Sie gibt dir die Energie, niemals nachzulassen, bis du deine Ziele erreicht hast. Diesen Kraftaufwand schaffst du nur, wenn du besessen bist von dem, was du tust. Du hast zwei Möglichkeiten in deinem Leben: Wenn du den einfachen Weg gehst, wird dein Leben hart sein. Wenn du den harten Weg gehst, wird dein Leben einfach sein. Welchen Weg gehst du?

5. Stell dich deiner Angst

Ausnahmslos jede große Persönlichkeit der Network-Marketing-Branche hat sich bewusst dafür entschieden, sich nicht von den eigenen Ängsten und Schwächen dominieren und lenken zu lassen. Sie alle sind bewusst dort hinein- und hindurchgegangen. Denn wenn du dich diesen körperlichen Ängsten und der Abwehr stellst und diese sogar durchbrichst, dann bist du für das frei, was du wirklich tun willst.

Dazu möchte ich dir eine Geschichte erzählen: Jahrzehntelang hatte ich Panik vor kleinen Räumen – wohl, weil ich in der Sekte, in der ich die Jahre meiner Kindheit verbracht habe, oft eingesperrt worden war. Diese Angst habe ich jahrelang verdrängt und habe vielfältige Vermeidungsstrategien entwickelt: bin Treppen gelaufen, habe Flüge auf größere Flugzeugtypen umgebucht, also Enge gemieden, wo es nur ging. Dann hat die Angst mich eingeholt, als ich 2017 mit meiner Familie in einem Hotel in Bangkok war. Ich lief mit meinem Sohn Emil und meiner Tochter Maya zum Fahrstuhl. Ich hasste Fahrstühle, aber Emil war knapp vier Jahre alt und Maya noch keine eins. Ich trug sie in der Babyschale am Arm, während Emils kleine Hand meine fest umklammert hielt. Ich entschied mich trotz meiner Angst für den Aufzug. Und das, was ich dann mit meinen Kindern erlebt habe, hat alles verändert, denn der Fahrstuhl blieb mit einem dumpfen Rumpeln stecken und ich habe in Gegenwart meiner Kinder die Kontrolle verloren – etwas, das nie hätte passieren sollen. Während ich fast hyperventilierte und mir der kalte Schweiß den Körper hinabrann, riss ich die Deckenverkleidung des Fahrstuhls ab, um Luft zu bekommen. Dann stemmte ich die Fahrstuhltür mit meinen Händen auf, um erst meine Kinder und dann mich selbst durch die kleine Lücke zwischen den beiden Etagen hinauszuschieben. Eine völlig kopflose und lebensgefährliche Aktion! Als ich danach in die verängstigten und erschütterten Gesichter meiner Kinder blickte, traf ich eine Entscheidung: Ich würde mich niemals mehr von meiner Platzangst beherrschen lassen! Diese Entscheidung führte mich bald darauf in eine Schwitzhütte, in der ich an einer traditionellen Inipi-Zeremonie teilnahm – dort verbrachte ich Stunden in der von außen verschlossenen dunklen Hütte.

Ich ging durch meine Angst, um sie hinter mir zu lassen.

Vor Menschen sprechen, jemandem vergeben, mit einem Fallschirm aus einem Flugzeug springen, allein sein – was auch immer deine größte Angst sein mag: Stell dich ihr und werde so noch stärker und freier. Das bedeutet nicht, dass du das allein tun musst. Lass dich physisch und/oder mental begleiten. Bei meinen Speaking Performance-Seminaren helfen wir Menschen durch die Angst, auf einer Bühne zu stehen. Bei einem Tandemsprung wirst du schließlich auch begleitet. Suche dir weise Mentoren für dein Vorhaben und gehe es an. Wenn du im Network-Marketing wächst, wird der Punkt kommen, an dem du dich mit deinem Team ins Feuer stellen musst. Dann musst du den Schnuller aus dem Mund nehmen, dir die Sauerstoffmaske anlegen und voranschreiten – ohne dass deine Angst dich zurückhält. Ich möchte dir ein Zitat meines Mentors Les Brown mit auf den Weg geben, einem der erfolgreichsten Speaker der Welt: »Das Leben hat keine Grenzen, außer denen, die du dir selbst setzt.«

6. Höre niemals mit dem Lernen auf

Kennst du den Spruch »The more you learn, the more you earn«? Es geht im MLM nicht darum, mal eben den Ablauf zu lernen. Ja, es ist vollkommen richtig, dass du dein Handwerkszeug kennen und dann tagtäglich damit arbeiten musst. Es geht aber auch nicht darum, für deinen Erfolg im Network das Rad neu zu erfinden – im Gegenteil: Dich nicht an den Plan zu halten, kann absolut schädlich und kontraproduktiv sein. Und doch musst du immer weiter Lektionen über Menschen und das Leben lernen. Übertreffe alle in deinem Umfeld mit deiner Lernbereitschaft! Lass dich auf deinem Weg weder von tanzenden Katzen auf YouTube noch von anderen gesellschaftlichen Betäubungs- und Ablenkungsmitteln wie Alkohol oder Tratsch ablenken oder ausbremsen.

Deine Weiterbildung praktisch zusammengefasst: Anhand der folgenden Checkliste kannst du deinen Seminarkalender für das kommende Jahr füllen. Die aufgeführten Themen und Bereiche sind die Eckpfeiler für deinen Erfolg. Kultiviere und pflege sie also dementsprechend.

- ☐ Persönlichkeitsentwicklung
- ☐ Fleiß
- ☐ Verletzbarkeit
- ☐ Einfluss
- ☐ Demut
- ☐ Dankbarkeit
- ☐ Leadership
- ☐ Begeisterungsfähigkeit
- ☐ Verkaufstalent
- ☐ Geschichten erzählen
- ☐ Vergeben und verzeihen können
- ☐ Fokus auf andere Menschen legen
- ☐ Beziehungen
- ☐ Gesundheit
- ☐ Reputation
- ☐ Geduld
- ☐ Erfahrung im eigenen Business
- ☐ Zeitmanagement
- ☐ Organisation
- ☐ Disziplin

An den folgenden Punkten erkennst du die echten Profis im Network-Marketing: Professionelle Networker …

- sind edel, aber nicht zu elegant gekleidet – sie sind immer Vorbilder in ihrem Auftreten und Erscheinungsbild.
- sehen in jeder Herausforderung eine Chance für das eigene Wachstum.
- können jeder Situation etwas Gutes abgewinnen.
- zeigen immer ehrliches Interesse an Menschen, an deren Geschichten und Bedürfnissen – sie nehmen sich selbst zurück.
- sitzen in der ersten Reihe und schreiben mit.

- lernen nie aus, sind wissbegierig und wachsen ständig über sich hinaus.
- sind großzügig, laden andere ein und gehen immer auf die Bedürfnisse ihres Gegenübers ein.
- sorgen dafür, dass sich andere in ihrer Gegenwart immer groß fühlen.
- teilen bereitwillig ihre besten Tipps mit ihrem Gegenüber.
- sagen auch Sachen, die das Gegenüber vielleicht nicht hören möchte (Real Talk), zum Beispiel, dass man in einem geistigen Gefängnis lebe und sich durch negative Glaubenssätze immer weiter einmauere.

Ich freue mich darauf, dich bei einem meiner Seminare zu sehen und lege dir besonders den »Speaking Performance Practitioner« ans Herz, denn eines sind alle Profinetworker: Sie sind gute Redner und Geschichtenerzähler.

Unter diesem Link bekommst du hier den ersten Einblick: www.tobias-beck.com/uyn-links.

Im Laufe der Zeit, in der du im Network-Marketing deine persönliche Geschichte schreibst, wirst du feststellen, dass dir diese Punkte und viele weitere Fähigkeiten, Gewohnheiten und Verhaltensweisen, auf die du in diesem Buch immer wieder stößt, den Weg ebnen. Jedoch sind die Punkte, die ich dir in diesem Kapitel genannt habe, essenziell für deinen Erfolg.

Mein Tipp: Lege nun dieses Buch zur Seite und reflektiere – am besten schriftlich –, wo du bei jedem einzelnen Punkt stehst. Null steht für »noch gar nicht in mein Leben implementiert« und zehn für »habe ich in meine DNA eingeschrieben«. Nutze dafür auch das Rad des MLM und fülle jeden Bereich für dich so weit aus, wie er deiner Meinung nach erfüllt ist. So hast du visuell vor Augen, bei welchen Punkten du bereits stark bist und an welchen Punkten du noch Wachstumspotenzial siehst. Ich weiß, dass nur etwa ein Prozent der Menschen, die dieses Buch lesen, diese Übung auch tatsächlich durchführen werden. Doch dieses eine Prozent wird später den Unterschied spüren und sich vom Mittelmaß abheben.

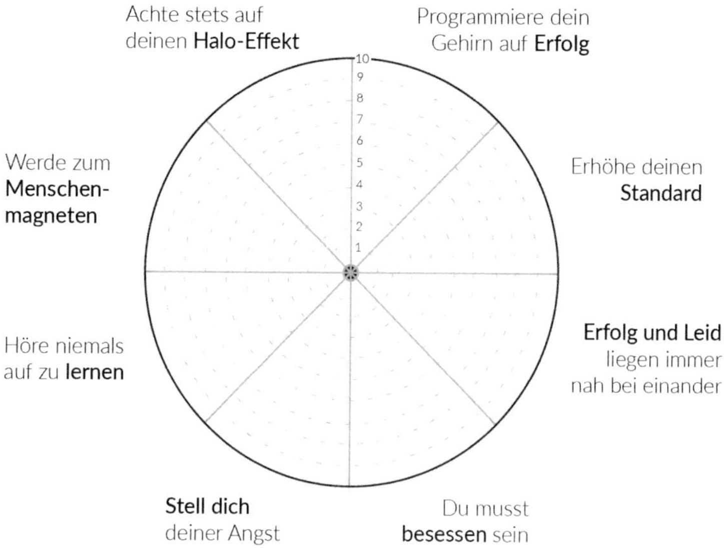

Der Brief an dich selbst

Ich möchte an dieser Stelle eine weitere simple, aber kraftvolle Übung mit dir teilen, zu der mich vor vielen Jahren einer meiner Mentoren aufgefordert hat: Schreibe jetzt einen Brief an dich selbst, in dem du dir vorstellst, wie dein Leben in zwanzig Jahren aussehen soll. Ich bekam diese Aufgabe im Alter von zwanzig Jahren und habe aufgeschrieben, wie mein Leben mit vierzig aussehen soll – mehr als neunzig Prozent dessen sind eingetreten!

Wenn du diesen Brief verfasst hast, hast du dir nun eine Schritt-für-Schritt-Anleitung erstellt, eine Wegbeschreibung nach dem Karteikartenprinzip, die du rückwärts abarbeiten musst. Überspringe diese Übung nicht, denn sie ist ein Navigationsgerät für deine Träume und Ziele. Sei dabei möglichst genau und detailliert. Schreibe auf, wo und wie du mit wem leben wirst, ob und welches Auto du fährst, wie dein Haus aussieht, wie du aussiehst. Wer umgibt dich und wie sprechen Menschen über dich? Was sagen sie?

Nimm dir jetzt Zeit für diesen Brief, zieh dich an einen inspirierenden Ort zurück und höre vielleicht beim Schreiben deine Lieblingsmusik. Tauche tief ein in deine Träume und Gefühle – je tiefer, desto besser.

Im nächsten Schritt nimmst du diesen Brief und liest ihn den Menschen vor, die dir nahestehen, denen du vertraust. Frag sie, ob sie dich wirklich spüren, dich darin wiederfinden. Nimm all diese Gefühle und deinen unbedingten Willen, dorthin zu gelangen, mit auf deine Reise. Speichere sie und dein damit gegebenes Versprechen an dich selbst in deinem Inneren ab. Wenn du in Zukunft mal harte Zeiten durchleben solltest, hole diesen Brief und die dazugehörigen Gefühle hervor und lass dich weitertragen. Erinnere dich stets an deine Schritt-für-Schritt-Anleitung.

Energie gewinnt immer – alles ist Energie

Eine mir wohl am meisten gestellte Frage lautet: »Tobi, wie hast du es geschafft, all das in deinem Leben aufzubauen?« Meine Antwort lautet: machen. Einfach machen. Immer und immer weiter. Glaubst du wirklich, es gibt in meinem Leben keine Momente, an denen ich keine Lust habe? Keine Tage, an denen ich mich »nicht danach fühle« oder Aufgaben, die ich ungern erledige? Natürlich gibt es all das. Der entscheidende Punkt ist jedoch: Ich mache es trotzdem. Vier Podcasts aufnehmen, obwohl ich müde bin. Auf die Bühne gehen, obwohl mir schlecht ist. Instagram bespielen, obwohl ich keine Lust habe. Denn erstens haben sich viele dieser Punkte mit dem Tun in Sachen verwandelt, die ich heute mag und schätze, zweitens sind genau die Menschen, die Sachen auch dann erledigen, wenn sie sich nicht danach fühlen, die Gewinner. Da kannst du gern auch andere erfolgreiche Menschen fragen, sie werden es dir bestätigen.

Denn wir sind, was wir jeden Tag tun. Nicht das, was wir tun, wenn wir gerade mal Lust dazu haben. Und genau so kannst du auch deine Energie steuern. Denn es wird Tage geben, an denen du emotional unten bist und es trotzdem darauf ankommt, dass du eine gute Performance ablieferst. Es wird Durststrecken geben, Unsicherheiten und Zweifel. Dann brauchst du Energie. Und zwar eine Form der Energie, die sich aus der Begeisterung für deine Sache speist. Du willst wissen, wie begeistert du in deinem Herzen sein musst? Ich drücke es mal so aus: Wenn du ein Autoverkäufer wärst, müsstest du nachts noch am Auspuff deines Wagens schnüffeln, weil du dein Business so sehr liebst.

Solange du dich selbst noch zurückhältst, solange du mit einem Fuß noch in der vermeintlichen Sicherheit deines alten Lebens stehst, statt hundert Prozent zu geben, fährst du mit angezogener Handbremse. Das ist mühsam, das ist ineffektiv und stinkt schon nach kurzer Zeit gewaltig. Es wird Zeit für die Entscheidung, alle Brücken hinter dir zu verbrennen, um mit all deiner Energie in eine Zukunft zu gehen, in der du selbst über dein Leben bestimmst. Aber das geht eben nur ohne Hintertürchen.

Dein Halo-Effekt

Deine zukünftigen Kunden wollen ihr Wunschprodukt nicht wegen einer Litfaßsäule oder einem Infokasten voller Fakten kaufen, sondern von einem Menschen, dessen Begeisterung sie spüren und der sie beeindruckt. Wenn du ein großer Verfechter innerer Werte bist, ist das großartig, aber dann musst du jetzt stark sein: Denn das Erste, was deine Mitmenschen – und damit auch deine potenziellen Kunden – von dir sehen, ist nun mal dein Äußeres. Aufgrund unserer Neurophysiologie ist es uns schlichtweg unmöglich, uns komplett von Vorurteilen und der Macht des ersten Eindrucks zu befreien. Besser also, du nutzt diese Macht für dich und sorgst stets für einen unvergesslichen Auftritt – im positivsten Sinne. Lasse hierfür den Halo-Effekt für dich arbeiten.

Wenn du bereits eines meiner Seminare besucht hast, kennst du dieses Phänomen schon, ansonsten erkläre ich es dir hier an einem einfachen Beispiel. Stell dir vor, du gehst in den Supermarkt, um Milch zu kaufen, wüsstest aber nicht viel über Milcherzeugung, Tierhaltung und Veganismus. Du stehst also vor dem Kühlregal, in dem sich Milchmarke an Milchmarke reiht, und zwar so breitgefächert, dass dein Gehirn schlichtweg überfordert ist. Doch dann fällt dir ein Milchkarton mit einem kleinen, plüschigen Teddybär drauf ins Auge. Vielleicht ist das sogar genau so einer wie der, mit dem du als Kind immer gespielt hast. Was macht dein Gehirn? Es zieht aufgrund einer ihm vertrauten Äußerlichkeit Rückschlüsse auf weitere Charakteristika dieser Milch: Ein Produkt mit so einem niedlichen Bären kann unmöglich schlecht sein. Dann ist da auch noch eine Kuh auf der Rückseite abgebildet, die zufrieden auf einem Grasbüschel kaut. Du wirst unbewusst dermaßen von angenehmen Gefühlen geflutet, dass du ohne Zögern die Milch *dieser* Firma kaufst – ungeachtet der Tatsache, dass sie vielleicht fast das Doppelte kostet wie die übrigen Marken im Kühlregal.

So etwas passiert allen von uns in unterschiedlichen Situationen etliche Male am Tag, auch und vor allem mit Menschen. Ein Merkmal (der kleine niedliche Teddybär) hat alles andere überstrahlt und dich zur Milch greifen lassen. Und genau das musst du auch tun: Menschen, die mit dir in Kontakt kommen, sollen bei deinem Anblick schlicht denken: WOW!

Es ist ein hehrer Wunsch, so angenommen werden zu wollen, wie du bist. Doch so funktioniert weder das menschliche Gehirn noch Marketing. Wenn du irgendwann ganz oben angekommen bist, kannst du anziehen, was du möchtest. Bis du aber so weit bist, achte auf saubere, hochwertige Kleidung und Schuhe, ein in sich stimmiges Outfit, auf deine Ausstrahlung und darauf, dass all diese Komponenten symmetrisch und im Einklang damit sind, was du sagst und verkaufen möchtest. Denn hier kommt das magische Dreieck zum Tragen: Passt das von dir Gesagte zu dem von dir Getragenen, zu deinem Auftritt und deiner Wirkung, zu deinem Halo-Effekt und zu deinem Produkt/deiner Dienstleistung? Dann kaufen die Menschen dein Produkt.

Mache ein Gesamtkunstwerk daraus. Das bedeutet nicht, dass du dich verstellen musst. Du sollst dir nur die Oberflächlichkeit der Masse zunutze machen, um dann, wenn die Menschen dir aufgrund deiner Ausstrahlung und deines Auftritts eine Tür geöffnet haben, in die Tiefe zu gehen. Die oberste Regel lautet zudem: Lächle immer, wenn du einen Raum betrittst!

Trage auf keinen Fall Plagiate. Keine gefälschten Prada-Schuhe aus Asien, keine nachgemachte Gucci-Tasche aus dem Türkeiurlaub und keinen gefälschten Gürtel, den du auf eBay gefunden hast. Dabei geht es weniger darum, dass dir irgendein Fachmann ansieht, dass die Teile unecht sind. Es geht dabei um dein Unterbewusstsein, das immer wissen wird, dass du dich für etwas ausgibst, das du nicht bist – das wiederum strahlst du aus. Doch es gibt auch gute Kleidung, die nicht aus einer Designerfeder stammt.

Wie du weißt, hat Strahlen – und somit der Halo-Effekt – auch immer etwas mit Licht zu tun. Stelle dir selbst einmal die Frage, wie du wirkst, wenn du einen Raum betrittst: Ist dein Licht gedimmt und für andere kaum wahrnehmbar oder strahlst du angenehm und hell, bringst Licht in jeden Raum, den du betrittst, sodass andere dich im Dunklen sehen können? Vergiss auch nie, dass Licht wiederum Licht anzieht. Je heller dein Licht strahlt, desto leichter ist es, Menschen anzuziehen, die deine Vision und dein Business unterstützen, also gemeinsam mit dir wachsen wollen. Bitte unterschätze nie, dass sich dieses Thema direkt darauf auswirkt, welche Persönlichkeiten du für dein Business ansprichst. Ich will hier offen und direkt mit dir sein: Die wenigsten Menschen sprechen jemanden an, dem sie sich unterlegen fühlen. Um es noch deutlicher zu machen: Je größer der eigene Halo-Effekt und somit das eigene Selbstvertrauen, desto qualifizierter werden die Menschen sein, die sich deinem Business anschließen wollen.

Oft habe ich den Eindruck, dass dieser Aspekt insbesondere in Deutschland viel zu sehr außer Acht gelassen wird. Die Chinesen hingegen vertreten kulturell die Auffassung, dass jemand, der nicht lächeln kann, kein Geschäft eröffnen darf. Wäre das bei uns auch so, würde die deutsche Wirtschaft vermutlich ausgesprochen schlecht dran sein. Also sorge bitte für einen strahlenden Auftritt und informiere deine Mitmenschen mithilfe deines Gesichtsausdrucks darüber, dass es dir gutgeht: Lächele!

Verstärke deine Ausstrahlung mit dieser Übung:

Schreibe dir genau auf, wie du ab morgen wirken wirst, wenn du das Haus verlässt oder dich vor die Webcam setzt. Schreibe es detailliert auf. Welche Verpackung hast du für dich gewählt? Bist du ein unwiderstehliches Angebot? Geh schon in das Gefühl hinein, wie du dich kleiden würdest, wenn du bereits den Gipfel erreicht hättest. Falls du kreativ bist, kannst du es auch aufmalen.

Träumen

Nachdem du in diesem Buch bislang immer wieder gelesen hast, wie wichtig es ist, aktiv für deinen Erfolg zu arbeiten und ins Tun zu kommen, wunderst du dich vielleicht, warum ich ausgerechnet nun mit dem Thema »Träumen« aufwarte. Die Antwort ist leicht: weil große Träume unerlässlich sind für deinen Erfolg. Doch Vorsicht: Dies trifft nur zu, wenn du deinen Träumen auch Taten folgen lässt. Glaube niemandem, der dir etwas anderes erzählt und behauptet, bunte innere Bilder allein würden dich zum Erfolg führen. Das funktioniert nicht – auch nicht im MLM!

Wenn du allerdings tatsächlich etwas bewirken möchtest in deinem Leben und dir echte, nachhaltige Veränderung wünschst, dann sind Träume unverzichtbar. Das ist kein Hokuspokus, sondern wissenschaftlich erwiesen. Für bis zu 90 Prozent unserer Handlungen ist unser Unterbewusstsein verantwortlich. Wenn du tatsächlich etwas bewegen möchtest in deinem Leben und dir tiefgreifende Veränderung wünschst, tust du gut daran, dein Unbewusstes mit ins Boot zu holen. Wie dir das gelingt? Mithilfe der erwähnten Träume: Innere Bilder in Kombination mit Emotionen liebt dein Unterbewusstsein und wird dich bei der Verwirklichung deiner Ziele unterstützen, denn nichts anderes ist ein Ziel, es ist ein Traum mit einer Deadline und Arbeitsschuhen. Wie genau dir dein Traum für das Erreichen deines Ziels dienlich sein kann, zeige ich gleich mit einer Übung.

Du denkst vielleicht, dass du keinen Traum hast, oder dass der, den du tief in deinem Herzen verborgen trägst, zu groß für dich ist. Vielleicht hat dir das irgendwer in deinem Leben einmal weisgemacht. Vielleicht macht dir dein großer Traum auch Angst. Dann lass mich dir eines sagen: Du bist mit Mut geboren, du trägst ihn in dir, in deiner DNA. Ich kenne das aus meiner eigenen Geschichte und beobachte es täglich an meinen Kindern: Ohne ihren angeborenen Mut könnten sie sich nicht weiterentwickeln, denn sie lernen in genau der Zone, die für uns Erwachsene so schrecklich unbequem und unerträglich geworden ist: alles außerhalb der Komfortzone. Eine solche kennen Kinder beim Entdecken der Welt und beim Lernen nicht. Ihre Entdeckungsreise liegt auf dem schmalen Grat zwischen Sicherheit, dem, was sie bereits beherrschen, und dem Risiko. Und diesen Mut, den sie dafür jeden Tag brauchen, den trägst auch du in dir, du musst ihn nur wiederentdecken.

Du fragst dich sicherlich, wo und wann dieser Mut für Träume und Weiterentwicklung auf der Strecke geblieben ist. Lass es mich so erklären: Wenn man einen Grashüpfer eine gewisse Zeit lang in Gefangenschaft hält, passt er seine Sprunghöhe recht schnell an seine neue Umgebung an. Lässt man ihn dann wieder frei, springt er nie wieder so hoch wie vorher, so wie es ihm eigentlich möglich wäre. Und genau das passiert mit vielen Kindern in der Schule. Sie verlernen das natürliche Lernen, sie vergessen, dass der Mut, ihre Träume zu erreichen, eigentlich in ihnen liegt. Vielleicht hast du einfach nur zwischenzeitlich vergessen, wie hoch du eigentlich springen kannst?

Du möchtest wieder Zugang zu deiner wahren Sprungkraft? Benutze deine Fähigkeit zu träumen – für deine Freiheit, für den Erfolg in deinem Leben und für deinen Erfolg im MLM. Denn vergiss nicht, du bist nicht zufällig hier, dies ist kein Schaufensterbummel. Doch

warum bist du *wirklich* hier, welcher deiner Träume verbirgt sich dahinter? Wenn du glaubst, darauf keine Antwort zu kennen, rate ich dir dringend, die folgende Übung zu machen. Solltest du eine Antwort darauf haben, mache sie trotzdem. Denn so kannst du dein Unterbewusstsein aktivieren, dich bei der Verwirklichung deines Traums zu unterstützen.

Du kennst sicherlich das Bild des Eisbergs, das oft zur Darstellung des Verhältnisses zwischen dem menschlichen Unterbewusstsein und dem bewussten Verstand hinzugezogen wird: Der Großteil des Eisbergs befindet sich unter der Wasseroberfläche. Dieser Anteil entspricht dem Unbewussten, auf das wir mit unserem Verstand kaum zugreifen können, das jedoch bis zu 90 Prozent unserer Handlungen steuert. Wenn du diesen wichtigen Teil deiner Persönlichkeit nutzen möchtest, greife auf Emotionen, innere Bilder und Träume zurück, denn diese sind im Unbewussten zu Hause. Mache die Bilder und die passenden Gefühle zu deinen angestrebten Zielen in dir groß und bunt. Fühle jetzt schon, was du in deinem Leben haben möchtest, und du wirst dein Unterbewusstsein dazu bringen, mit dir zusammenzuarbeiten. Wird dir das den Weg ersparen? Nein, aber es wird ihn dir erleichtern und deinen Prozess beschleunigen. Du denkst, du findest keinen Zugang zu dem Thema? Wir benutzen doch auch täglich Filter, um unsere Social-Media-Posts und unsere Selfies schöner zu machen. Genauso kannst du es mit deinem Leben machen: Arbeite an deiner inneren Einstellung und mache mit dem richtigen Filter deinen Tag heller – und zwar schon bevor der große Erfolg eingetreten ist.

Nutze die folgende Übung, um dich selbst auf deinen Erfolg zu programmieren:

Unter dem Link www.tobias-beck.com/uyn-links findest du die Traumreise »Kind deines Lebens«. Schreibe detailliert und möglichst regiereif auf, was du gesehen und gespürt hast. Du kannst die Traumreise auch als eine Inspiration für dein persönliches Visionboard nutzen.

TRAUMREISE

Passives Einkommen gibt es nicht

Wenn wir von Network-Marketing sprechen, ist im gleichen Atemzug immer von passivem Einkommen die Rede. Die meisten Menschen haben dabei ein Bild im Kopf, wie sie einen Cocktail aus einer Kokosnuss schlürfend im Liegestuhl in der Karibik sitzen, während ihr Smartphone im Minutentakt klingelt, weil E-Mails über neue Zahlungseingänge hereinfliegen. Das Bild kommt nicht von ungefähr, denn das ist möglich. Doch ich will dich nicht anlügen: Für jedes passive Einkommen musst du zunächst einmal ziemlich aktiv sein, damit es hinterher für dich Geld verdient. Im Network-Marketing gilt die Regel: Je aktiver du von Anfang an bist, desto schneller geht es. Ja, du hast zwar nur einen geringen finanziellen Invest, doch du musst enorm viel Kraft reinstecken, um dein Netzwerk aufzubauen und Produkte zu verkaufen. Alle, die dir etwas anderes erzählen, lügen! Ich habe im Network-Marketing jahrelang so viel und hart gearbeitet, dass ich regelmäßig im Auto hinter dem Lenkrad auf dem Seitenstreifen geschlafen habe – aber habe letztlich eben auch sehr viel Geld in der Branche verdient.

Es ist wie in allen Bereichen des Lebens: Wenn du hart arbeitest, wirst du langfristig viel erreichen. Und es ist wie in allen Berufen und Branchen: Arbeitest du viel, verdienst du viel, arbeitest du wenig, verdienst du wenig. Der Unterschied im MLM ist jedoch folgender: Wenn du hier auf kluge Weise Menschen für dich gewinnst, hast du die Chance, deine vergleichsweise niedrige Arbeitskraft immens zu hebeln. Zudem: Ein paar hundert Euro sind im MLM schnell verdient, auch diese können dein Leben bereits enorm bereichern.

Ich verdiene heute passiv mit Immobilien, Solaranlagen und Büchern – allerdings bin ich trotz immerhin eines *SPIEGEL*-Bestsellers nicht mit Büchern reich geworden. Ähnlich wie Bücher ermöglicht dir auch Musik ein passives Einkommen. Aber wie du weißt, bin ich Speaker und kein Sänger. Und auch Lieder wollen komponiert, produziert und vermarktet werden. Auch hier muss also zuvor harte Arbeit reingesteckt werden.

Wie habe ich es bis hierher geschafft? Ich habe mir ein MLM-Geschäft aufgebaut. Ich habe mein Einkommen immer reinvestiert: in Ausbildungen, Trainings und Conventions. Den Gewinn habe ich in Immobilien und Solaranlagen investiert. Das Wissen, das ich im Laufe der Jahre gewonnen habe, habe ich an andere Unternehmen in der freien Wirtschaft verkauft.

Was ist dein konkreter Plan, damit du finanziell frei wirst?

Einstieg in die Selbstständigkeit

Die Begriffe Selbstständigkeit und Unternehmertum werden oft synonym verwendet. Doch bedeuten sie in Wirklichkeit nicht dasselbe. Ja, in beiden Fällen bist du dein eigener Chef, aber es gibt auch bedeutende Unterschiede. Als Selbstständiger wirst du zu großer Wahrscheinlichkeit allein arbeiten oder nur wenige weitere Mitarbeiter beschäftigen, vielleicht arbeitest du mit Honorarkräften oder anderen Freelancern. Doch alle Fäden hängen an dir: Wenn du selbstständig bist, hängen die Produktivität und der Ertrag deiner Arbeit in der Regel von deinem eigenen Einsatz ab: Arbeitest du viel, ist der Ertrag hoch, arbeitest du wenig, fällt er entsprechend geringer aus – arbeitest du aufgrund von Krankheit oder anderen Gründen überhaupt nicht, fährt das System vollständig herunter. Als Unternehmer hingegen hast du das System idealerweise so weit ausgebaut, dass es auch ohne dich funktionieren kann und deine Anwesenheit nicht zwangsläufig erforderlich ist. Allerdings ist eine Kraft für erfolgreiche Unternehmer unverzichtbar: die Fähigkeit, andere gut zu führen.

Ich mache dir diesen wichtigen Unterschied an dieser Stelle hier jetzt schon so bewusst, damit du dir gleich am Anfang die richtigen Ziele setzt, damit du dir bewusst machst, wohin du möchtest und wie du es aufbauen und erreichen kannst. Außerdem möchte ich, dass du ein Gefühl dafür entwickelst, was für deinen Erfolg erforderlich ist: dein unermüdlicher Einsatz. Alle Resultate hängen zunächst von dir ab und der Weg ins Unternehmertum führt meist durch die Selbstständigkeit.

Beides erfordert, wie ich bereits erwähnt habe, erst einmal ein hohes Maß an Einsatz. Es ist wie ein Marathon. Um diesen durchhalten zu können, brauchst du einen starken Anreiz, eine Motivation. Diese darf dich nicht nur ein bisschen locken, sondern sie muss so stark sein, dass sie dich wie ein riesiger Magnet durch die anstrengenden und harten Zeiten hindurch zu deinem Ziel zieht. Ohne diese Kraft wirst du den Marathon nicht durchhalten.

Wissenschaftliche Untersuchungen haben gezeigt, dass bei zwei gleich starken Sportlern derjenige gewinnt, der sich stärker motivieren kann und der mit inneren Bildern seine Ziele visualisiert. Dein motivierender Supermagnet, der dich zieht, ist dein Warum, der Grund, warum du losgehst, und der dich jeden Morgen aus dem Bett katapultiert – insbesondere in harten Zeiten. Diesen arbeiten wir später in dem Kapitel »Das Warum – Warum bist du hier?!« heraus. Für viele ist beispielsweise die Vorstellung ein großer Ansporn, nie wieder wirklich arbeiten zu müssen, erst recht nicht nine-to-five, wenn sie ihr Business auf die Spur gebracht haben. Andere sind davon getrieben, ihrer Familie eine erfüllende und sichere Zukunft zu schaffen.

Es ist unwichtig, wofür du im MLM losgehst, es muss dir nur eines bewusst sein: Um erfolgreich durchstarten zu können, musst du eine Ausbildungsmaschine durchlaufen. Genauso wie ein Chirurg jahrelang studieren und üben muss, bevor er operiert, oder ein Handwerker alle Aspekte seines Berufs in Theorie und Praxis lernen muss, musst auch du im MLM deine Ausbildung machen. Dabei ist es nicht mit einer Abendveranstaltung oder einem Wochenendseminar getan und ich würde dich anlügen, wenn ich etwas anderes behaupten würde. Mindestens das erste Jahr im Network-Marketing ist dein Ausbildungsjahr. Ich schreibe »mindestens«, weil du dauerhafte Lernbereitschaft zeigen musst, um wirklich erfolgreich zu sein.

Wenn du gelernt hast, ein Instrument zu spielen, Noten zu lesen und dich an sie hältst, weißt du immer, was als Nächstes kommt. Du hörst außerdem irgendwann, ob du richtig oder falsch spielst. So ist das im MLM auch: Es ist ein Handwerksberuf, den du erlernst und irgendwann genau auszuführen weißt. Ein Spitzenverdienst erfordert aber eben auch Spitzenleistung. Du musst also wie ein Konzertpianist unzählige Übungsstunden absolvieren, musst mit anderen zusammenspielen, brauchst dein Wissen und deine Instrumente und viel, viel Erfahrung. Du musst üben, üben, üben wie ein Symphoniker, dann wirst du erfolgreich, dann werden dir die Menschen vertrauen und sich mit dir auf die Reise begeben.

Es gibt eine Redewendung: Lehrjahre sind keine Herrenjahre. Und so ist es auch im MLM: In deinem ersten Jahr wirst du voraussichtlich von morgens bis abends Gegenwind bekommen. Du musst damit rechnen, dass deine Familie, deine Freunde und Bekannten an dem Geschäftsmodell zweifeln und dass sie dich für deine Schritte kritisieren werden. Doch das ist längst nicht alles. Ziemlich schnell wirst du feststellen, dass du erst einmal lernen musst, wie du richtig verkaufst. Es gibt keinen Grund, sich dafür zu schämen: Kein Mensch schaut ein Kind schräg dafür an, dass es erst laufen lernen muss. Und genau dieses Bild solltest du dir immer wieder vor Augen führen: Gibt ein Kind beim Laufenlernen auf, nur weil es nicht sofort klappt? Nein, es probiert so lange weiter, bis es klappt, und dann wird es von Tag zu Tag leichter und selbstverständlicher.

Dazu gehören vermeintliche Kleinigkeiten wie das Üben des richtigen Telefonierens und zu lernen, wie du dabei Produkte gut bewirbst oder neue Networker für dein Team gewinnen kannst. Dazu gehört auch – erinnere dich an meine Worte am Anfang dieses Kapitels –, dass du Unternehmer wirst, und zwar zuallererst in deinem Kopf mit dem richtigen Mindset: Mach dir immer wieder bewusst, dass du da einen Schritt tust, den die wenigsten Menschen in ihrem Leben jemals wagen werden, denn du befreist dich von der Geißel des Angestelltendaseins. Aber nicht nur das, denn du schaffst auch Perspektiven und Jobs für andere Menschen.

Mach dir bewusst: Auch wenn du unter dem Schirm eines großen Unternehmens dein Business aufbaust, ist dieser Schirm nicht dafür verantwortlich, dir das Lernen abzunehmen oder so bequem zu machen, dass du keinen Entwicklungsschmerz spürst.

Deine Mühe und dein Durchhaltevermögen werden sich in vielen Bereichen auszahlen, auch beim Lernen: Du wirst schnell sehen, dass sich Erfolge einstellen und sich dir neue Horizonte eröffnen. Mache das Lernen zum Selbstzweck und es wird dir umso leichter fallen, wenn es dir Freude bereitet. Lass dich vollkommen auf diesen Lernprozess ein – mit all seinen angenehmen und unangenehmen Seiten. Besuche Veranstaltungen und füttere deinen Geist mit hilfreichen Büchern, Blogs und Podcasts.

Tanke positive Energie, wo immer du sie finden kannst. Nutze nicht nur die Events und Angebote deines Netzwerks zur Weiterentwicklung, sondern besuche auch externe Seminare und Fortbildungen. Im MLM sind diejenigen erfolgreich, die das Prinzip des selbstständigen Handelns verinnerlicht haben. Warte nicht darauf, dass dich jemand zum Lernen einlädt, sondern ergreife selbst die Initiative. Du musst deinen Hintern hochbekommen, denn auch wenn dir einige Menschen im Internet und in der Werbung versprechen, dass es anders wäre, musst du für deinen Erfolg schlicht und ergreifend hart arbeiten. Gewonnen haben diejenigen, denen diese Arbeit Freude bereitet, denn dann ist es keine mehr. Und es ist übrigens auch kein glücklicher Zufall, wenn man an diesen Punkt gelangt, sondern das Ergebnis der Arbeit an der richtigen Einstellung.

Du denkst vielleicht, dass du als Neueinsteiger im MLM im Nachteil bist, weil du keinerlei Verkaufserfahrung hast, doch das ist ein Irrtum. Du bist viel aufnahmefähiger, lern- und entwicklungsoffener als diejenigen, die durch ihre Vorerfahrung davon ausgehen, dass sie schon alles wissen. Insbesondere Vertriebler tun sich im Network-Marketing oft schwer, weil sie zuerst lernen müssen, die schlechten oder nicht zielführenden Angewohnheiten zu korrigieren. Vertrieb und MLM sind wie zwei unterschiedliche Sportarten oder Sprachen. Deshalb wird es dir leichter fallen, wenn du als »unbeschriebenes Blatt« frei bist von Einflüssen anderer Sportarten oder Sprachen, die dein Gehirn andernfalls immer versuchen würde, mit dem Neuen zu vermischen.

Finde das richtige MLM

Wenn dir diese Punkte bewusst sind und du dein Mindset auf dem richtigen Fundament gebaut hast, ist es wichtig, dich für das für dich passende MLM zu entscheiden. Das bedeutet, du musst dich informieren – tiefgehend und ausführlich. Es ist wie beim Immobilienkauf: Du nimmst nicht das Erstbeste, was sich dir bietet.

Diese Fragen können dir bei deiner Entscheidung helfen:

- Woher kommt das Unternehmen?
- Wer steckt hinter dem Unternehmen?
- Wie lange ist das Unternehmen schon am Markt?
- Welchen Umsatz generiert das Unternehmen?
- Wie stabil ist der Marketingplan und wird dieser, wenn überhaupt, nur im Sinne des Vertriebs geändert?
- Wie verläuft die Ausbildung?
- Gibt es eine exzellente Online-Akademie?
- Wie sind die Produkte oder Dienstleistungen? Achte darauf, auch immer unabhängige Studien dazu anzufordern.
- Wer ist dein Sponsor?
- Wer ist die Führungskraft über deinem Sponsor?
- Verfügt sie über viel Erfahrung im MLM?

Für den Anfang kannst du dich zum Beispiel schon mal einlesen, was die Industrie- und Handelskammer (IHK) zum Network-Marketing schreibt:[2]

Zudem teilt das Bundeswirtschaftsministerium die folgenden Informationen zum Network-Marketing mit:[3]

Das Warum – warum bist du hier?!

Um den Weg in ein erfolgreiches, stabiles MLM bewältigen zu können, muss man ein starkes Motiv haben – da reicht also »Viel Geld verdienen« nicht aus. Du musst es stattdessen mit deinen größten Träumen und Visionen aufladen. Träume und Visionen, die wesentlich größer sind als du. Du kannst mich jetzt gern für einen spirituellen Hippie halten – wahrhaft erfolgreich werden wird dein Geschäft erst, wenn es dabei nicht allein um dich geht, sondern darum, wirklich und nachhaltig das Leben anderer Menschen zu verändern. Viel Geld kann dir dabei dienen, deswegen – um bei diesem Motiv zu bleiben – musst du dir klarmachen, wozu dir und anderen dieses Geld schließlich nutzen soll. Damit du dein felsenfestes Warum finden und formulieren kannst, tauchen wir jetzt tiefer in die Materie ein.

Offen gestanden habe ich in den ersten beiden Jahren, in denen ich hauptberuflich im Network-Marketing tätig war, nicht wirklich begriffen, was es tatsächlich bedeutet, ein starkes Warum zu haben. Bis ich zu einem Event in eine riesige Halle mit Tausenden Menschen nach Detroit flog: Dort betrat ein Mann die Bühne und erzählte seine Geschichte. Er war Mexikaner und hatte einige Jahre zuvor versucht, gemeinsam mit seiner Frau illegal über die Grenze in die Vereinigten Staaten zu gelangen. Seine Frau wurde bei diesem Versuch am Grenzzaun erschossen. Diesem Mann – ich hatte durchgehend Gänsehaut, während er sprach – gelang es danach, in einem Zeitalter ohne Internet und Mobiltelefone in Mexiko einzig über sein Festnetztelefon eine Network-Marketing-Organisation mit mehr als 2000 Geschäftspartnern und über 40 000 Kunden aufzubauen. Dann fragte der

Mann in Detroit: »Wie ich es geschafft habe, das zu erreichen?«, fragte er in den Saal. Als Antwort teilte sich der Vorhang hinter ihm und ein kleines Mädchen mit schwarzen Zöpfen betrat die Bühne. Ich sehe sie noch heute vor meinem inneren Auge vor mir: Sie war etwa fünf Jahre alt, trug ein rotes Kleid mit weißen Punkten und einen Haarreif. Er nahm das Kind auf den Arm und sagte: »Das ist meine Tochter, und ich habe meiner Frau geschworen, gut für uns zu sorgen und dafür, dass sie immer stolz auf mich sein könne.«

Diese Geschichte steht genau für das, was Network-Marketing ist und sein kann. Ich bin danach hochmotiviert, aber zugleich zutiefst demütig nach Hause geflogen und habe angefangen, wahrlich Energie in mein Unternehmen zu stecken und das Geschäft aufzubauen. Mir war plötzlich bewusst, in welcher Luxussituation ich mich befand. Diesem Mann war es gelungen, nur mithilfe eines Münzfernsprechers in Mexiko sein Business aufzubauen, zu was sollte ich mit meinen Möglichkeiten dann erst recht in der Lage sein? Nach dieser Reise nach Detroit habe ich meinen Umsatz verfünffacht und das Team wuchs schneller als jemals zuvor.

Ich habe dir in den vorherigen Absätzen mehrere bedeutende Aspekte geliefert: Zum einen gibt es nach dieser Geschichte für dich kaum mehr eine Ausrede, es hier, also in deiner Situation, nicht zu schaffen. Außerdem hast du gesehen, wozu dieser mexikanische Vater für seine Tochter und seine verstorbene Frau fähig war: Sie waren sein Warum, sein Antrieb, immer weiterzumachen. Darüber hinaus habe ich dir eine weitere Geschichte erzählt, wie schon so oft in diesem Buch. Das ist im Network-Marketing dein Tool, um Menschen anzuziehen und zu motivieren: Du musst Gänsehautmomente erschaffen und in bunten Farben auf die inneren Leinwände der Fantasie deiner Zuhörer malen, wenn du von deinem Warum sprichst. Dafür brauchst du nicht einmal eine besondere Begabung.

Also: Warum bist du hier? Warum liest du dieses Buch? Warum möchtest du mit deinem Geschäft erfolgreich sein? Je emotionaler deine Beweggründe aufgeladen sind, desto attraktiver wird deren Umsetzung für dein Gehirn, weil sie so einen großen Sog entwickeln. Wenn mich Menschen fragen, wie intensiv ich mein Warum spüren würde und woran sie merken könnten, dass sie auf dem richtigen Weg seien, pflege ich zu antworten: »When you don't cry while talking about your why, it's not your why. – Wenn dir die Geschichte über dein Warum nicht selbst die Tränen in die Augen treibt, dann ist es nicht dein Warum.«

Ich möchte damit nicht sagen, dass es verwerflich ist, ins Network-Marketing zu gehen, um viel Geld zu verdienen. Doch wird dich dieser Grund allein nicht zu deinen großen Zielen ziehen. Du musst ihn mit mehr Sinn aufladen und dich so lange fragen, weshalb du das möchtest, bis du am Kern der Sache angekommen bist. Mich hat es nie in dieses Business gezogen, weil ich das dicke Geld oder teure Autos wollte. Vielmehr hat mir jemand eine Chance gegeben, als ich am Boden war, und in mir hat irgendetwas darauf laut mit »Ja!« geantwortet. Weil auch ich irgendwann in der Position sein wollte, anderen Menschen Möglichkeiten zu bieten. Weil auch ich anderen in die Freiheit verhelfen wollte. Und warum? Weil man mir in den Jahren meiner Kindheit, die ich in einer Sekte verbracht habe, den Mund verboten hatte, ich mich daher danach nie wieder gefangen und unmündig fühlen wollte – oder es akzeptieren kann, wenn es anderen Menschen so geht.

Ich möchte dich an dieser Stelle wirklich noch einmal wachrütteln. Ich sehe in der Welt Millionen von Menschen, die ihr Warum verlieren – oder es nie gefunden haben. Gehörst du dazu? Wir Menschen in der westlichen Welt – vielleicht sogar primär wir Deutschen, das vermag ich nicht zu sagen – sind träge geworden und schauen mit offenem Mund tatenlos dabei zu, wie andere Länder die Zukunft gestalten. Fett und arrogant sind wir geworden, ich kann es nicht anders sagen. »Made in Germany« ist schon lange kein Gütesiegel mehr. Aber was tun wir dagegen? Sitzen wir es einfach aus? Unsere Gesellschaft droht in die Mittelmäßigkeit abzurutschen, denn wir wurden von unserem System nicht nur dazu konditioniert, sondern gar hypnotisiert. Wir sollen nach normalen Arbeitsplätzen streben, die uns vermeintliche Sicherheit und anderen die Kontrolle über uns bieten – doch das macht die Welt eng, klein und nimmt uns jede Entfaltungsmöglichkeit.

Aber ich bin es leid, über Geschichten zu reden, ich möchte lieber *mit* dir Geschichte schreiben! Eine Geschichte mündiger Menschen, die ihr Leben und die Welt gestalten. Eine Geschichte von Machern statt von Opfern. Woran du erkennst, zu welcher Gruppe du gehörst? Opfer lieben Entertainment und Ablenkung, Macher lieben das Lernen. Opfer lieben Freizeit, Macher lieben die Freiheit. Macher sind diejenigen von uns, die träumen und ihren Traum verwirklichen, während andere einen Alptraum leben. Auch in deiner eigenen Struktur wirst du erkennen, dass nicht alle so »all in« sind wie du. Dabei folgt die Dynamik dem Paretoprinzip:

- 20 Prozent deiner Partner sind für 80 Prozent deines Umsatzes verantwortlich. 80 Prozent der Partner in deiner Organisation hingegen werden lediglich zwischen 500 und 2000 Euro monatlich mit ihrem Business dazuverdienen. Das ist vollkommen in Ordnung, denn damit können schon eine Menge Träume erfüllt werden. Etwa 18 Prozent werden ein richtiges Business aufbauen, mit dem sie zwischen 2000 und 10 000 Euro im Monat verdienen. Lediglich etwa zwei Prozent sind bereit, den Einsatz zu bezahlen – und von denen werden einige wesentlich größer werden als du. Diese zwei Prozent machen quasi »alles« von allein und brauchen wenig Unterstützung.
- 20 Prozent deiner Partner steigen wegen des Einkommens in dein Business ein, 80 Prozent aufgrund der Produkte oder Dienstleistungen.
- 20 Prozent deiner Partner meckern und nörgeln die ganze Zeit, von 80 Prozent hörst du nur selten Beschwerden.
- 20 Prozent deiner Partner sind bei allen Events dabei, den Rest siehst du dort selten bis nie.

Das bedeutet für dich: Konzentriere dich auf die AAA-Menschen in deiner Organisation und gehe mit ihnen immer weiter. Auch in ihrer und deiner persönlichen Entwicklung, denn es geht nicht um die klassische Arbeit, die du vielleicht noch aus der konventionellen Wirtschaft kennst.

Wenn du selbstständig bist, musst du aufhören, zu arbeiten, sondern anfangen, Visionen zu verwirklichen. Welche Hindernisse und Konditionierungen stehen dir im Weg? Es ist eigentlich ganz leicht: Lügner lügen, Meckerer meckern, Verwirrte sind verwirrt, Perplexe sind perplex, Gläubige glauben und Macher machen! Überprüfe dich selbst. Beschwerst du dich über zu hohe Steuern, gibst du der Politik die Schuld oder der Firma, für die du arbeitest? Schimpfst du über das Wetter und zu hohe Preise? Wohin fließt deine Energie?

Millionen Menschen sitzen vor dem Feuer des Lebens und sagen: »Wärme mich mal ein wenig.« Was ich stattdessen tue? Ich hole Holz. Was tust du? Die Zeit der Entschuldigungen ist vorbei, beginne, selbst zu denken und zu handeln. Und fall bitte nicht auf deine innere »Das wird schon«-Stimme herein, die dich in der Passivität und der antrainierten Unmündigkeit hält. Du liest jetzt dieses Buch, in 12 bis 18 Monaten will ich deine Resultate sehen! Lass das Network-Marketing der Wandel in deinem Kopf sein – hin zum Guten. Steh also auf und sei ein leuchtendes Beispiel für andere: für deine Familie, deine Eltern und deine Freunde. Bist du soweit? Möchtest du das? Willst du dein Leben nachhaltig verändern? Dann steh auf!

Notiere dir nun, worum es in deinem großen Warum geht. Schreibe es ausführlich auf. Übe dich im Storytelling und darin, diese Geschichte so zu erzählen, dass sie Gänsehaut erzeugt. Menschen lieben Geschichten! Also eröffne deine Gespräche und Präsentationen mit einer Story und nicht dem sogenannten »German Approach«. So betitelt die internationale Speaker-Szene die deutsche Angewohnheit, Vorträge mit trockenen Ausschweifungen darüber zu beginnen, wer du bist, welche Titel und Zertifikate du besitzt – also der Angewohnheit, zu Tode zu langweilen. Du hingegen musst Storys erzählen – so, wie du sie gerade fühlst und wie dein Gegenüber sie fühlen soll. Denn niemand spricht wie die Stimme der Lautsprecheransage der Deutschen Bahn. Sei du selbst! Der Schlüssel zu Erfolg im MLM ist es, das Geschichtenerzählen zu lernen.

Hier noch ein Tipp: In der Geschichte soll es nicht um deinen gesamten Leidensweg gehen. Sprich über deine Herausforderung, zoome etwas hinein und erkläre, wann und wie du das Network für dich entdeckt hast. Deine Biografie ist nicht dein Schicksal, sondern deine Chance! Diese Botschaft solltest du in deinem Warum transportieren, weil sie dich ermächtigt und in deine Kraft holt und andere dazu inspiriert, es dir gleichzutun. Mache all diese Möglichkeiten groß und bunt. Inspiriere deine Zuhörer!

Deine Story – woher kommst du?

Wenn du dein Warum kennst und davon berichtest, ist es unerlässlich, dass dir auch deine eigene Geschichte präsent ist, denn sie hat deine Identität geprägt. Deine Entwicklung selbst zu erkennen und anderen Menschen aufzuzeigen, verbindet dich mit ihnen und inspiriert sie dazu, es dir gleichzutun. Zudem ist dir so immer wieder bewusst, was du alles erreicht hast und wofür du losgelaufen bist.

Vielleicht kennst du meine Geschichte. Vielleicht weißt du, wie mich meine Schulzeit geprägt hat, wie mich das System immer wieder zu Fall gebracht und innerlich schon fast zugrunde gerichtet hätte, bevor ich überhaupt erwachsen war. Weil ich anderen Menschen nicht gepasst habe. Weil es keine Schublade für mich gab. Weil Systeme mich immer wieder mundtot machen wollten. Vielleicht weißt du von meiner Zeit, die ich als Kind in einer Sekte verbracht habe: unmündig, ohne das Recht zur Meinungsäußerung. Bevor ich finanziell erfolgreich wurde, habe ich, wie gesagt, im Rettungsdienst und als Flugbegleiter gearbeitet – ich habe dabei wahnsinnig viel gelernt und schließlich im MLM meine Chance erkannt. Und sie ergriffen! Doch missbrauche ich meine Geschichte nicht als Ausrede, warum ich irgendetwas nicht schaffe, kann oder erreiche. Nein, gerade sie ist der Grund für meinen Antrieb und meine Energie. Ich beklage mich nicht und stecke keine Energie in eine Opferrolle – ganz im Gegenteil.

Im Nachhinein hat alles Sinn ergeben und meine einstigen Wunden sind zu meiner wahren Stärke geworden. Du kannst dir das wie bei einem Muskel vorstellen, der nach extremer Beanspruchung zwar schmerzt, aber sich regeneriert und daraufhin wächst. Dank meiner Erfahrungen kann ich heute Großes bewirken. Wann immer du also harte Zeiten erlebt hast oder erlebst, denke daran, dass du danach mehr tragen kannst und über mehr Kraft verfügst als zuvor. Und es ist vollkommen natürlich, dass es immer erst einmal schlimmer, anstrengender und schwieriger wird, bevor eine merkliche Verbesserung eintritt. Wenn es wehtut, dann weißt du, dass es vorwärtsgeht.

Gibt es in deiner Lebensgeschichte noch Kapitel, die du ablehnst oder in denen du dich als Opfer siehst? Aus dieser Perspektive heraus werden dir diese Zeiten in der Gegenwart und in der Zukunft noch Kraft rauben – Kraft, die du eigentlich brauchst, um dein Geschäft nach vorne zu bringen. Nimm dir jetzt Zeit und notiere dir diese Erfahrungen. Schreibe dir auf, was du in diesen Phasen deines Lebens gelernt hast und in welchen Bereichen sie dich stärker gemacht haben. Verwandele deine Wunden in Kraft!

Glaubwürdigkeit

Wichtige Zutaten, um in dieser Industrie erfolgreich zu werden, sind Glaubwürdigkeit und deine Reputation – übrigens zwei Dinge, die du nicht kaufen kannst. Wenn du also auf jemanden triffst, der in den vergangenen zwei Jahren in 20 Vertrieben tätig war, ist das weder glaubwürdig noch wird diese Person eine gute Reputation haben. Stellt sich hingegen jemand in den Dienst der Menschen und macht einen nach dem anderen groß, wird der Ruf diesem Menschen vorauseilen.

Wenn Menschen dir vertrauen, dir Kompetenz zusprechen, weil dein Charakter authentisch ist – du also dein Handeln auf deinen Werten aufbaust –, dann bist du im MLM unschlagbar!

Lass uns näher auf den Vertrauensaspekt eingehen: Es gibt verschiedene Ebenen des Vertrauens und schon sind wir beim wohl sensibelsten Thema dieses Buchs. Denn auch deines wurde mit Sicherheit im Laufe deines Lebens schon missbraucht. Das hat dich kritisch und skeptisch werden lassen. Unabhängig davon, dass du immer auf dein Bauchgefühl hören solltest, kannst du dir die Vertrauensdynamik wie die Jahresringe eines Baumes vorstellen.

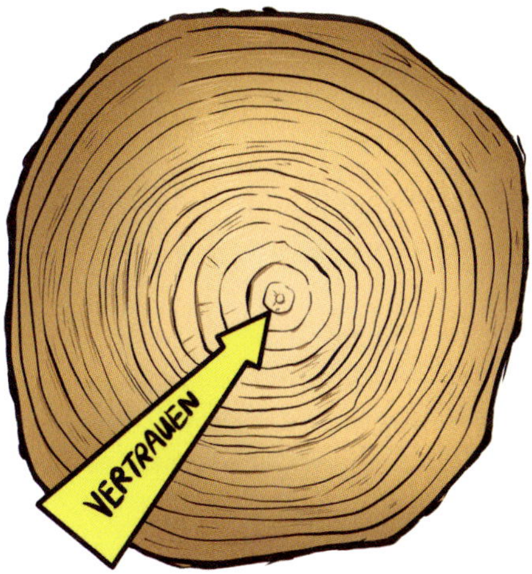

Vertrauen wächst, wie ein Baum, ganz langsam und geht immer tiefer, Ring für Ring. Als Vater möchte ich dir dazu ein plakatives Beispiel geben, das dem Aufbau des Baumquerschnitts folgt, damit dieser Punkt für dich noch anschaulicher wird. Es gibt Menschen ...

- die dürfen sich mit einem gewissen Abstand in der Nähe meiner Kinder aufhalten.
- die sich mit meinen Kindern unterhalten, aber nicht mit ihnen spielen dürfen.
- die dürfen mit meinen Kindern spielen, dürfen aber nicht mit ihnen herumtollen.
- die dürfen mit meinen Kindern herumtollen, aber nicht mit ihnen allein bleiben.
- die dürfen mit meinen Kindern allein bleiben, sie aber nicht ins Bett bringen.
- die dürfen meine Kinder ins Bett bringen, ich würde sie aber nicht bei ihnen lassen.
- denen ich blind vertraue und bei denen ich meine Kinder für ein Wochenende lassen würde.

Vertrauen basiert auf vielen Begegnungen und gemeinsamen Lebensmomenten und der Faktor Zeit spielt dabei eine immense Rolle. Vertrauen kann mit jeder Begegnung weiterwachsen, eine Beziehung stabiler und tragfähiger machen, ihr Substanz schenken, bis sie widerstandsfähig jedem Sturm trotzt.

Der Ehrenkodex

So wird dein Team unschlagbar: Betrachte dein Team als deinen Indianerstamm, deine Familie, die du ganz nah um dich versammelst, um mit ihr eine starke Gemeinschaft zu sein, denn dein Team ist das Wichtigste für dein Geschäft. Also schaffe am besten gemeinsam mit deinem Team einen Ehrenkodex, in dem ihr Werte, Normen und Regeln festhaltet, nach denen ihr euch richten möchtet und die ihr gemeinsam lebt. Es ist von großer Bedeutung, diesen Kodex mit deinem Team gemeinsam zu entwickeln, damit er ihnen nicht vorgekaut und übergestülpt wird, sondern ihr ihn als Einheit lebt. Nur dann wird er euch stärken und zusammenhalten. Ich empfehle dir und deinem Team, folgende Punkte aufzunehmen:

Unser Ehrenkodex im Team

Wir geben immer 100 Prozent: In ein Flugzeug, das nicht mit voller Leistung an den Start geht, würden wir niemals einsteigen, so sollten wir es auch mit unserem Geschäft halten.
Wir arbeiten als Team zusammen, niemand wird zurückgelassen: Wenn es dir und deinem Team gelingt, diese Atmosphäre zu erschaffen, seid ihr unaufhaltsam.
Wir leben Respekt: untereinander, gegenüber eurem Unternehmen, eurer Upline und all denjenigen, die mit dir in dieses Geschäft starten.
Wir übernehmen Verantwortung: Sage dir das selbst viele Male am Tag. Und wenn jemand ins Straucheln gerät, denke an diesen Satz und lebe ihn. Stell dir vor, wie stark ihr seid, wenn ihr diese Haltung einnehmt und wirklich umsetzt.

No Bullshit: Einige dich mit deinem Team darauf, euch keine Ausreden und keinen Blödsinn darüber zu erzählen, warum jemand zu spät gekommen ist oder etwas nicht funktioniert hat.
Wir haben Spaß: Vergiss niemals, dass all das, was du mit deinem Team gemeinsam aufbaust, Spaß machen wird und darf. Ihr werdet großartige gemeinsame Momente erleben, ihr werden Erfahrungen sammeln und bei großen Conventions die besten Partys feiern.
Wir feiern Erfolge: Was auch immer du mit deinem Team erreichst – sei es die nächste Stufe, Auszeichnung, mehr Umsatz –, feiert euch und eure gemeinsamen Schritte.

Geh immer mit gutem Beispiel voran, sei ein Vorbild für die anderen, indem du zuverlässig und selbst dein bestes Teammitglied bist. Zeige dich verletzlich, denn das macht dich für andere greifbar und unwiderstehlich, weil sie sich in dir spiegeln können. Achte zudem darauf, klar, deutlich und führend zu sein, wenn es der Augenblick erfordert.

Weitere Tipps: Erschaffe auch außerhalb deines Business Anreize für deine Teammitglieder. Denke dir Challenges, Ehrungen, Wettbewerbe und Incentives aus. Das können Geschenke und materielle Anerkennungen, aber auch exklusive Zeit mit dir oder Reisen sein – sei kreativ.

Schafft euch gemeinsame Rituale, bestimmt ein Lied, dass ihr zu Beginn jedes Treffens hört, überlegt euch eine Begrüßungsformel und ähnliche Aspekte, die euch zusammenschweißen. Miss keinem dieser Bausteine eine zu geringe Bedeutung bei. Implementiere sie in dein Team und du wirst erleben, wie sie mit der Zeit Früchte tragen.

Investiere in dein Team

In allen mir bekannten Geschäftsmodellen kann es irgendwann zu einem kritischen Punkt kommen, an dem Konkurrenzgedanken und entsprechendes Verhalten beginnt, Teams zu vernichten. Menschen werden zurückhaltend mit der Weitergabe von Informationen und Erfolgs-Tools, um nicht überholt zu werden. Im Network-Marketing ist das komplett anders, denn je größer und stärker die Mitglieder deines Teams werden, je mehr sie und ihr Erfolg wachsen, desto mehr hast auch du davon. Es gibt im MLM keinen Wirtschaftskannibalismus, da alle in deinem Team vom Erfolg der anderen profitieren. Du brauchst also keine Angst davor zu haben, anderen Menschen Raum zu geben, sie wachsen zu lassen und größer zu machen als dich selbst – du wirst stets mitwachsen: geschäftlich und menschlich.

Es gibt ein geflügeltes Wort und eine kleine Anekdote, die in jedem MLM gern erzählt wird, wenn es um den Teamaufbau geht: Was dir an Qualitäten fehlt, kannst du mit Zahlen wettmachen. Angeblich wurde in einem MLM einmal ein Mensch in einem Affenkostüm auf die Straße geschickt, um wahllos Passanten anzusprechen und ihnen Flyer für Abschlüsse in die Hand zu drücken. Dieser Mensch hatte bei Tagesabschluss eine ausgezeichnete Quote. Er hatte nicht groß darüber nachgedacht, wem er das Geschäft vorstellte. Mit anderen Worten: Es wird mehr als genug Interessenten geben, die in dein Team einsteigen, wenn du nur genug Menschen ansprichst. Die Fleißigen gewinnen am Ende immer.

Nun noch ein paar Hinweise, die deine innere Haltung und dein Auftreten betreffen, wenn du erfolgreich dein Team vergrößern möchtest. Eigentlich sollte es vollkommen selbstverständlich sein, doch meine Erfahrung hat mich gelehrt, dass es das nicht ist: Nutze deine Produkte selbst. Achte dabei darauf, dass du daraus kein Geheimnis, aber auch keinen Staatsakt machst. Wie genau dir das gelingt, das liest du im Kapitel »Erfolgreich Kunden gewinnen: das Ilona-Prinzip«.

Sei dir auch stets deiner Wirkung auf andere bewusst, zum Beispiel, indem du dir von vertrauten Menschen ehrliches Feedback einholst und es beherzigst. Ja, es ist wichtig, mit deiner Ausstrahlung einen Sog auf potenzielle Kunden und Teampartner zu erzielen, doch du darfst energetisch nicht so überwältigend sein, dass du bei deinem Gegenüber das Gefühl erzeugst, dass er niemals dein Level erreichen könnte. Achte hier auf eine gewisse Bodenhaftung und Balance.

Ein vermeintlich kleiner, aber entscheidender Unterschied liegt außerdem darin, wie du in deinem Kopf mit dir selbst sprichst. Denn Gedanken werden zu Gefühlen, und Gefühle zu deinem Tun. Musst du verkaufen oder willst du verkaufen? Was beherrscht dein Auftreten: ein Mangeldenken oder befindest du dich emotional und gedanklich in der Fülle – unabhängig von deinem Business und deinem Kontostand? Achte künftig verstärkt darauf, welche Gedanken du bezüglich deines Geschäfts hast und wie du mit anderen darüber sprichst. Diese Worte sind mächtig und beeinflussen auf direktem Weg deinen Erfolg.

Es geht jedoch nicht nur darum, wie du dich und dein Leben siehst. Auch das Bild, das du von deinem Gegenüber hast, prägt die Entwicklung deines Business. Lies dir einmal die Antworten auf die folgende Frage durch und spüre dabei in dich hinein, was jeweils beim Lesen mit deiner Energie geschieht.

Was sehe ich in meinem Kunden oder Teampartner?

a. Einen Goldesel.
b. Sein gesamtes Potenzial.
c. Jemanden, den ich unterstützen möchte.
d. Einen Idioten, wenn er nicht kauft.
e. Eine Nervensäge, wenn er mich mit blöden Fragen löchert.

Die Menschen, mit denen du sprichst, spüren, was du über sie denkst. Unterschätze niemals die Antennen deines Umfelds. Zudem gibt es kulturübergreifend für jede Emotion bestimmte Marker in der Mimik, die, selbst wenn sie sich nur Sekundenbruchteile zeigen, mit deinem Gegenüber in Resonanz gehen können. Lasse dich auf den Menschen vor dir ein, habe ehrliches Interesse und nimm vermehrt die Haltung ein, wie du dieser Person dienen kannst, dann werden das Gute und der Erfolg zu dir finden.

Es geht auch nicht darum, den Menschen in deinem Umfeld Vorträge über dein Produkt zu halten, denn sie interessieren sich nicht für dich. Ich hoffe, das trifft dich jetzt nicht, bitte nimm es nicht persönlich, aber so sind Menschen nun einmal: Sie interessieren sich zunächst einmal für sich selbst und ihr eigenes Leben. Also zeige auch du Interesse daran. Das baut eine Beziehung auf und du erfährst unfassbar viel über dein Gegenüber. Versuche nicht, die Menschen zu missionieren und mit überfallartigen Wortschwallen zu überzeugen: Cook the frog slowly – denn sonst wird er dir aus dem Topf springen.

Erkundige dich nach der Familie deines Gesprächspartners und darüber, ob er Kinder hat. Hake beispielsweise nach, ob er Sport macht, wie er sich ernährt und ob er Wert auf seine Gesundheit legt. Achte darauf, dass deine Fragen unaufdringlich wirken, zu deinem Produkt passen, aber auch persönliche Aspekte enthalten. Wenn ihr dann in einem guten Flow seid, kannst du ihn fragen, ob dein Produkt interessant ist für ihn. Gehe behutsam und mit Feingefühl vor, denn dein Gesprächspartner spürt auch so etwas.

Doch wie präsentierst du dein Produkt richtig gut? Wichtig ist dabei, dass du dein Umfeld, deine Familie und deine Freunde nicht für eine Verbesserung deiner Performance verbrennst. Das schadet nur euren Beziehungen. Übe deine Präsentation lieber an Menschen, die dir nicht so wichtig sind. Bleibe dabei aber immer authentisch. Wenn du spürst oder hörst, dass dein Gesprächspartner desinteressiert ist, sei still – so schwer das auch fallen mag.

Denn die meisten Menschen lassen sich gern begeistern, aber ungern bekehren. Vielleicht kennst du außerdem die Redewendung »Fachidiot schlägt Kunde tot«. Überschütte niemanden mit komplexen Listen von Inhaltsstoffen oder Ähnlichem, wie sehr sie dich auch begeistern mögen. Wenn jemand nichts von deinem Geschäft hören will: Lass los und überzeuge ihn ein paar Monate später mit deinen Ergebnissen. Lass diese dann Geschichten erzählen, die Worte niemals wiedergeben können.

Doch auch wenn deine Resultate für dich sprechen, benötigst du gewisse Fähigkeiten des Public Speakings für dein MLM. Vielleicht weißt du, dass allein dieses Thema ein eigenes Seminar, ein Buch und einen Onlinekurs umfasst. Dennoch möchte ich dir die wichtigsten Punkte für deine Präsentation mit auf den Weg geben. In der Speaker-Ausbildung der Tobias Beck Academy arbeite ich mit einem Template, einer Art Blaupause, die du Schritt für Schritt mit deinem Thema und deinen Worten füllst. Dieses Template ist so aufgebaut, dass das von dir Gesagte auf die Psychologie deines Gegenübers abgestimmt ist, sein Interesse erweckt und dir gleichzeitig bei einer souveränen Positionierung als Experte hilft, ohne dich als großspurigen Angeber aufzudrängen. Außerdem hilft dir dieses Template durch die ersten Minuten einer Präsentation, in der deine Aufregung möglicherweise so groß ist wie die Aufmerksamkeit deines Zuhörers, bevor er wieder seinen eigenen Gedanken nachhängt – eine ungünstige Kombination, die du aber mit den folgenden Techniken aushebeln kannst:

- **Zoom in:** Lass lebendige Bilder und drehreife Szenen vor dem inneren Auge deines Zuhörers entstehen. Sprich über Details, erwecke Szenen zum Leben, denn Menschen lieben Geschichten. Hole sie mit einer Lupe an deinen Zuhörer heran.
- **WHID:** Denke daran, dass sich Menschen niemals für dich interessieren, sondern immer für sich. Sie stellen sich daher stets die Frage »Was habe ICH davon?« Also

sprich davon, was ihnen dein Produkt oder der Einstieg in dein Geschäft bringen würde. Achte dabei darauf, welchen Menschentypen du vor dir hast und stimme deine Präsentation darauf ab. Das erfordert Vorbereitung. Lies dazu das Kapitel »Die vier Menschentypen im MLM« und verschriftliche Sätze, mit denen du den jeweiligen Typen abholst. Und vergiss nicht: Es geht nicht darum, etwas auswendig herunterzuleiern, sondern darum, dich fit und sicher zu machen, insbesondere also deine Menschenkenntnis zu stärken, damit du binnen weniger Augenblicke weißt, mit wem du es zu tun hast und was derjenige von dir braucht, um sich wohlzufühlen. Das ist am Ende entscheidend!

- **Earn the right:** Erst wenn dein Gegenüber emotional mit dir durch deine lebendige Erzählung und das Eingehen auf seine Bedürfnisse verbunden ist, kannst du mit deinem Wissen, deiner Erfahrung, dem Ruf deiner Firma und all dem aufwarten, was dich als vertrauensvollen Experten in Erscheinung treten lässt – auf keinen Fall früher und erst recht nicht zu Beginn eurer Unterhaltung.

Lass deine Zuhörer emotional an deinem Prozess teilhaben und erzähle ihnen, wie du dich früher gefühlt hast, wie es dir heute geht, seitdem du das Produkt benutzt oder seitdem du im Network-Marketing aktiv bist. Aber: Übertreib nicht, denn die Produkte müssen deinem Versprechen standhalten können. Konzentriere dich außerdem darauf, was dein Network so besonders macht.

Die vier Grundannahmen

Im MLM gibt es Grundpfeiler, auf die alle Networker, die oben mitspielen, ihren Erfolg aufgebaut haben. Du brauchst also vier Aspekte, von denen du überzeugt sein und an die du fest glauben musst, die sogenannten *Core Beliefs*:

- Glaube an die **Branche**: 50 Prozent der Menschen in meinem Freundes- und Bekanntenkreis, die finanziell frei geworden sind, haben dies durch Network-Marketing erreicht. Du darfst tiefes Vertrauen in diese Branche haben, die unfassbar viele Millionäre hervorgebracht hat. Sieh sie als das an, was sie ist: ein geniales, global funktionierendes Business.
- Glaube an das **Produkt**: Wenn du begeistert von deinem Produkt bist und dich damit identifizierst, ist das die beste Werbung. Denn Menschen spüren echte Begeisterung sofort, dann lassen sie sich davon anstecken und überzeugen. Wenn Produkte wirklichen Mehrwert bieten, dann bezahlen Menschen jeden Preis dafür und wollen ebenfalls ein Teil dessen werden.
- Glaube an **deine Firma**: Hinter jedem guten Produkt stehen Menschen. Insbesondere im Network-Marketing arbeiten viele werteorientierte Unternehmer, die große Firmen aufgebaut haben. Sie möchten beispielsweise, dass sich tatsächlich nachhaltig etwas verändert und dass alle Mitarbeiter in ihrem Unternehmen gutes Geld verdienen. Du darfst ein gutes Vertrauensverhältnis aufbauen und pflegen.

- Glaube an **dich selbst**: All diese Punkte sind unwirksam, wenn du nicht an dich selbst glaubst und weißt, dass du es in dieser Branche schaffen kannst. Ich jedenfalls weiß, dass du das kannst. Investiere also in dich, in deine Persönlichkeitsentwicklung und sichere stets deine Professionalität nach außen.

Diese vier Punkte sind die Eckpfeiler deines Erfolgs im MLM. Habe immer im Blick, dass du wirklichen Mehrwert für andere hast – durch die Produkte, aber auch durch die ihnen so gebotene Chance: aus dem Hamsterrad des Angestelltenseins zu entkommen. Wenn du tiefes Vertrauen in die vier genannten Punkte hast, wirst du Menschen anziehen statt sie zu missionieren oder ihnen dein System überstülpen zu müssen.

Nutze die Hebelwirkung und du bist nicht mehr zu stoppen

In keinem anderen Vertriebssystem kannst du das Prinzip der Hebelwirkung so kraftvoll einsetzen wie im MLM. Ganz praktisch bedeutet dies: Short time pain for long time gain – am Anfang musst du auf unterschiedlichen Ebenen äußerst viel Kraft aufbringen, deine Zeit investieren, ein bisschen Geld investieren, in Beziehungen investieren, wirst Ablehnung verarbeiten müssen und danach lernen, weiterzumachen, auch wenn es Kritik und Misserfolge hagelt.

Doch wenn du den eckigen und klobigen Stein, den dein Business in seinen Kinderschuhen darstellt, durch all diese Prozesse erst einmal geschliffen und ins Rollen gebracht hast, wird er eine wahre Lawine auslösen, die im positiven Sinne nicht mehr aufzuhalten ist. Denke bei all diesen Prozessen immer an das Bild der Honigbiene, das ich dir eingangs gegeben habe: Mach einfach immer weiter, Tag für Tag. Eine Hebelwirkung kannst du insbesondere auch durch den Besuch von Events verstärken, zu denen du Menschen mitbringst und bei denen du dich mit anderen verbindest. Dazu später mehr, jetzt geht es erst einmal darum, wie du dein Business Schritt für Schritt aufbaust.

Erfolgreich Kunden gewinnen: das Ilona-Prinzip

Die stärkste und gleichzeitig effektivste Methode, um Kunden zu gewinnen, möchte ich dir mit einer Geschichte näherbringen. Vielleicht weißt du ja bereits, dass ich auch verschiedene Seminare veranstalte: Diese finden jeweils mit einer hohen Intensität statt, für die du eine Menge Energie benötigst, die aber auch viel Energie freisetzen können, wenn du alles gibst. Die Seminare haben unterschiedliche Schwerpunkte und sind unterschiedlich lang.

Die Geschichte, die ich dir erzählen möchte, hat mit unserem »Speaking Performance Master« Seminar zu tun, meiner viertägigen Ausbildung für emotionales Speaking und das Design eines eigenen Seminars. Diese vier Tage sind für alle Teilnehmer sehr kräftezehrend, das muss man also durchhalten. An einem dieser Seminare hat vor ein paar Jahren eine junge Leaderin namens Ilona teilgenommen, sie führt erfolgreich mehr als 1000 Menschen in ihrem Network-Marketing-Team.

Ich kannte Ilona schon eine Zeit lang und wir arbeiteten auch bereits seit einigen Monaten zusammen. Ich wusste, dass sie über viel Energie verfügt und dass sie in ihrem Leben schon einiges auf die Beine gestellt hat. Seitdem wir uns kennen, brachte ich Ilona mit einer Handlung in Verbindung: Sie rührte sich stets ein Getränk aus einer kleinen Papierverpackung an, steckte diese wieder in ihre Tasche und verzehrte das Getränk – keine große Geste, doch sie blieb unbewusst in meinem System haften.

Nun war Ilona Teil vom »Speaking Performance Master« und ich erlebte, wie sie es vermochte, noch mehr Energie und Einsatz an den Tag zu legen, als ich es ohnehin schon von ihr kannte. Am dritten Seminartag (nach weniger als zwei Stunden Schlaf) traf ich Ilona morgens beim Frühstück. Während ich noch damit beschäftigt war, mir die Müdigkeit aus dem Gesicht zu atmen, sah Ilona bereits wieder aus wie ein Jungbrunnen auf zwei Beinen –

und sie war wieder dabei, sich dieses ominöse Getränk zuzubereiten. Ich ließ augenblicklich meinen Teller am Buffet stehen, ging zu ihrem Tisch und sagte: »Das, was du da trinkst, möchte ich auch!« Binnen weniger Sekunden hatte Ilona mich zum zahlenden Kunden gemacht. Binnen weniger Sekunden und vieler Monate des Vorlebens. Denn Ilona hat niemals auch nur ein Sterbenswörtchen über ihr Produkt verloren – doch es gehörte wie ihre beeindruckende Energie Tag für Tag zu ihr.

Ilona war und ist selbst ihre größte und wirkungsvollste Werbetafel. Sie lebt ihr Produkt und ihr Business so authentisch, dass sie die Menschen damit anzieht, anstatt es ihnen aufzudrängen. Wenn du mit deinem Business und deinen Produkten erfolgreich sein willst, ist der leichteste Weg, es tatsächlich zu leben. Wenn du davon so überzeugt bist, dass du quasi damit verschmilzt und es zu einem Teil von dir und deinem Leben wird, hast du den halben Weg zum Erfolg bereits geschafft. Die zweite Hälfte besteht darin, auch mit deiner Persönlichkeit Menschen anzuziehen, denn Menschen kaufen von Menschen.

Berücksichtige für das Ilona-Prinzip die folgenden Punkte:

- Finde ein Business, das wirklich zu dir passt.
- Handele nicht nur mit Produkten, sondern mache sie zum Teil deines Seins.
- Mache aus deinem Leben keine Dauerwerbesendung, sondern lebe authentisch vor.
- Missioniere nicht, bedränge niemanden.
- Verkörpere dein Business.
- Werde zu der Persönlichkeit mit den Skills, die andere so sehr beeindrucken, dass sie beginnen, zu dir zu kommen und Fragen zu stellen.

- Fokussiere dich, sei diszipliniert und halte durch.
- Verliere nie den Spaß, die Freude und die Leichtigkeit an der Sache.
- Eigne dir Gewohnheiten an, die dich automatisch immer erfolgreicher machen.
- Lass es zu deiner Herzensangelegenheit werden, andere groß zu machen.

Ich möchte dir an dieser Stelle noch etwas Mut zusprechen: Ilona musste selbst durch die harte Schule des MLM gehen, bis sie so erfolgreich geworden ist wie heute. Sie hat in einem gewissen Stadium so viel Gegenwind und Ablehnung erfahren, dass sie mehrmals kurz davor war, aufzuhören. Sie hatte anfangs eine Stimme in sich, die ihr sagte, Erfolg sei nicht für sie und dass »die Reichen« immer die anderen seien. Sie hatte nach einem Jahr zeitweise den Glauben an ihr Geschäft verloren, weil ihr die Entwicklung nicht schnell genug ging. Aber sie hat weitergemacht! Sie hat gelernt, sich auf ihr Gegenüber einzustellen. Sie hat gelernt, dass es nichts mit dem anderen zu tun hat, wenn sie bei Einwänden und Kritik unsicher wurde, sondern immer mit sich selbst. Sie ist immer wieder aufgestanden, hat gelernt und sich weiterentwickelt – und wird heute dafür belohnt.

Was du von Ilona außerdem lernen kannst: Die größte Werbetafel im MLM bist du. Wenn du clever bist, hast du dein Produkt immer dabei, benutzt es, lebst damit. Du stülpst es niemandem über und drängst es keinem auf, sondern lässt die Menschen auf dich zukommen, indem du sie neugierig machst. Ilona hatte ihr Pulver überall dabei, hat es angerührt, getrunken. Irgendwann habe ich sie gefragt, was das eigentlich sei, was sie da trinke. Anstatt mir von irgendwelchen Inhaltsstoffen zu erzählen, sagte sie einfach »Das ist gut für Dich, kommt jetzt jeden Monat zu Dir nach Hause und ich kümmere mich um alles weitere.« Weil sie überzeugt ist, war sie überzeugend und schon hatte sie mich als Kunden gewonnen.

Sog statt Druck

Du kannst im Network-Marketing viel Energie in Überredungsversuche stecken. Du kannst den Menschen von deinen Erfolgen erzählen, von ihren Möglichkeiten und Chancen – die wenigsten werden dir zuhören, aber noch weniger werden es begreifen und einsteigen. Dir wird dabei irgendwann die Puste ausgehen und du wirst die Lust verlieren, weil der Preis, den du bezahlst, zu hoch ist und du zu viel Frust erntest. Diese Vorgehensweise wird dich also nicht nur Kraft kosten, sie wird dich auch innerlich klein machen und vielleicht sogar für Rückschritte in deinem Selbstwertgefühl sorgen.

Wenn du Menschen von dir und deinem Geschäft überzeugen möchtest, dabei aber auch noch innerlich kontinuierlich wachsen und dich weiterentwickeln möchtest, dann geh einen anderen Weg: Werde zu einem Menschen, der von anderen angesprochen und nach seinen Tools gefragt wird, anstatt einem, der Produkte anpreist. Werde zu jemandem, der in anderen den Wunsch weckt, so sein zu wollen wie du. Werde du selbst dein bestes Marketing-Tool und dein stärkstes Verkaufsargument. Erzeuge Sog statt Druck und werde zum Menschenmagnet.

Wie das funktioniert? Indem du fortwährend an deiner Einstellung und deiner Persönlichkeit arbeitest. Indem du lernst, schnell echte Beziehungen zu deinen Mitmenschen aufzubauen und sie richtig einzuschätzen. Werde zu jemandem, dem Menschen gern zuhören, dem sie vertrauen und den sie respektieren. Fang an, dein Gehirn zu füttern – mit diesem Buch gehst du dafür schon wichtige Schritte. Achte darauf, welche Medien und Bücher du konsumierst, denn all das wird zu einem Teil deiner Persönlichkeit. Wenn du deinen Kopf mit konstruktiven, lehrreichen Inhalten bestückst, ist Erfolg fast unvermeidlich.

Vielleicht wird dein Umfeld diesen Veränderungsschritt kritisieren. Vielleicht wird es nicht allen passen, wenn du plötzlich Aktivitäten und Verhaltensweisen ablehnst, die für dich früher selbstverständlich waren. Das ist zwar nicht immer einfach, aber ganz natürlich. Denn diesen Menschen macht deine Veränderung Angst, denn sie löst Unbehagen in ihnen aus. Sie spüren, dass du ihre soziale Gruppe verlässt und werden unbewusst befürchten, dass sie selbst und ihr eigenes Leben dir nun nicht mehr reichen. Zudem werden sie durch deine neuen Verhaltensweisen in ihren herkömmlichen, ungesunden Gewohnheiten gespiegelt. Das erzeugt einen Schmerz, vor dem die meisten lieber die Augen verschließen wollen. Aber lass dich an diesem Punkt nicht verunsichern! Werde so interessant für andere – auch für dein früheres Umfeld –, dass sie ein Teil dessen werden wollen, was du tust, ohne vorher überhaupt genau zu wissen, was das eigentlich ist.

Wenn du mit deiner Firma, ihrer Branche, deinen Produkten und deiner Arbeit zufrieden bist, wirst du das ausstrahlen und andere werden sich fragen, warum du so in dir ruhst. Frage dich jeden Tag, ob du emotional ansteckend bist – und zwar positiv. Leuchten deine Augen wie die eines vierjährigen Kindes? Weißt du noch, wie du früher an deinem Geburtstag morgens voller Begeisterung aufgewacht und aus dem Bett gesprungen bist? Genau diese Begeisterung muss deine Präsentation transportieren. Grundlose Fröhlichkeit muss ab heute dein neuer Normalzustand sein, denn Energie ist wichtiger als Intelligenz.

Achte ab sofort darauf, wer oder was dir Energie nimmt und gibt. Das eine lässt du, von dem anderen willst du mehr – so einfach, wenn auch nicht immer leicht. Doch gestatte dir keine Ausreden, arbeite an dir. In diesem Geschäft ist es wie bei der Partnersuche: Würdest du selbst mit dir ausgehen wollen? Würdest du dir dich als Sponsor wünschen? Welche Gründe sprechen dafür und welche dagegen? Das sind genau die Schlüssel, mit denen du arbeiten und deine Entwicklung vorantreiben kannst und sogar musst.

Mache dir nun eine Liste mit den folgenden Punkten:

- Wer und was gibt dir Energie?
- Wer und was raubt dir Energie?
- Wie sieht dein Traumpartner im MLM aus, wie handelt er und welche Eigenschaften bringt er mit? Zu dieser Person musst du werden.

Es ist wichtig, dass du von Anfang an innerlich eine kraftvolle Position einnimmst, denn das wirst du ausstrahlen. Was möchtest du sein: ein Frosch, der zwar Tausende von Eiern legt, aber sie alle ihrem Schicksal überlässt, oder ein Adler, der seinen wenigen Nachkommen alles beibringt, was sie für ein eigenständiges, kraftvolles Leben brauchen? Ich bin mir sicher, dass Letzteres der Fall sein dürfte, also verankere diese Einstellung tief in deiner Persönlichkeit. Du bietest mit deinem Unternehmen und den Produkten echten Mehrwert für andere und darüber hinaus die Chance, ihr Leben beruflich und finanziell frei gestalten zu können sowie dem ewigen Hamsterrad aus Abhängigkeit und Fremdbestimmung zu entrinnen. Diese Einstellung musst du verkörpern und nicht nur zum Menschenflüsterer, sondern auch zum Menschenliebhaber werden.

Es gibt eine einfache Formel, die du verinnerlichen und nach der du von nun an jeden Tag handeln darfst:

BLAPS

Begeisterung vom Leben und Job
Lernfähigkeit und die Lust zum Füttern deines Geistes
Aktion: Es steht außer Frage, dass du die Events besuchst, zu Großveranstaltungen fliegst oder das Webinar abends noch machst – du bist immer vorne dabei.
Positive Grundeinstellung: Richte deinen Fokus auf das Gute in deinem Leben und du wirst es anfachen wie ein Feuer des Positiven.
Spaß: Wenn du Freude an deinem Business hast und dafür brennst, dann kannst du andere anstecken.

Vermittele deinen Mitmenschen und deinem Team diese Punkte, indem du sie ihnen aktiv vorlebst. Finde Energietankstellen – Sprecher, Trainer, Führungskräfte –, die dich begeistern und dich aufladen, denn dann wirst auch du automatisch zu einem Menschen, bei dem andere auftanken wollen. Strahle immer Energie aus – sei es vor vier oder vor 4000 Menschen.

Wem bietest du deine Produkte an?

Bei der Frage, wen du als Kunden für deine Produkte gewinnen kannst, darfst du nicht der vermeintlichen Logik folgen, dass die Menschen, die dein Produkt noch nicht haben, die Richtigen dafür wären. Wenn du beispielsweise Nahrungsergänzungsmittel verkaufst, wendest du dich nicht an jemanden, der dir so erscheint, als könnte er noch ein paar Vitamine gebrauchen. Stattdessen bietest du dein Produkt jemandem an, der bereits bestens mit Nahrungsergänzung versorgt ist. Denn dieser Mensch hat offensichtlich eine hohe Affinität zu Produkten wie deinem und deshalb wird er auch von dir kaufen. Auch hier gilt: Missioniere nicht, sondern wende dich an die Menschen mit den offenen Türen.

Wichtig ist, keine Fakten und Details zu verkaufen. Argumentiere niemanden zum Käufer – das wird nicht funktionieren –, sondern vertraue lieber auf meine Erfahrung. Du wirst an die Menschen verkaufen, die deine wahre Begeisterung spüren. Vergiss also auch bitte den Satz »Mit Freunden macht man keine Geschäfte«. Denn bei genau diesen Menschen fängst du an. Wenn du ihnen am Herzen liegst, werden sie dich unterstützen. An dieser Stelle wird auch zum Tragen kommen, wenn du in den vergangenen Jahren auf deine Beziehungskonten eingezahlt hast, denn dann wirst du jede Menge Support abbuchen können. Deine Freunde und Bekannte werden zu überzeugten Kunden, wenn dein Produkt gut ist, und sie werden es auf ganz ungezwungenem Weg und mit Überzeugung weiterempfehlen und -verkaufen. Lass deine echten und tragenden Beziehungen für dich arbeiten.

Der rituellste Akt, den man vollziehen kann, wenn man sich für ein MLM entschieden hat, ist das Erstellen der Namensliste. Auf diese Liste kommt der Name jeder Person, die du kennst. Es ist egal, ob die Leute 18 oder 100 Jahre alt sind, ob sie Arzt, Professorin oder Verkäufer sind – sie alle gehören auf diese Liste, denn sie alle haben selbst wieder einen Kreis Menschen um sich herum. Dieser Kreis ist der heilige Gral. Es geht noch nicht mal so sehr darum, ob diejenigen mitmachen, sondern darum, wen sie kennen. Du musst dich hinsetzen und überlegen, wen du wo kennst: im Autohaus, in dem du dein Auto gekauft hast, auf den Social Media Kanälen, den Kopf deines Küchenplanerteams und die Bekannte vom Blumenladen um die Ecke. All diese Menschen sind relevant für deine Liste. Es sind die Menschen, die jeden Tag überall um dich herum sind. Pflege Kontakte und sieh zu, dass du jeden Tag drei neue hinzufügen kannst.

Wenn du noch keine Namensliste geschrieben hast, dann ist spätestens jetzt der Zeitpunkt dafür. Schreibe jeden, aber auch wirklich jeden Menschen, den du real und digital kennst, auf –

und sei der Kontakt auch noch so flüchtig. Füge jedem Namen den jeweiligen Menschentypen (siehe Kapitel »Umgang mit denen, die nicht wollen«) hinzu und du verfügst über ein kraftvolles Werkzeug für deinen Kundenaufbau, das du nur noch nutzen musst.

Einladen

Ich kann mich noch sehr gut daran erinnern, wie schrecklich aufgeregt ich bei meinen ersten Anrufen war, um Menschen für diese Industrie zu begeistern. Damals gab es noch Telefone mit einer Schnur, während der Hörer aussah wie ein Krokodil mit riesigen Reißzähnen, die drohten mich zu zermalmen. Ich hatte Angst vor Zurückweisung und aus dem Nichts fielen mir Tausende Punkte ein, die plötzlich wichtiger erschienen, als dieses Telefonat für mein Geschäft zu erledigen: die Spülmaschine musste ausgeräumt, der Keller entrümpelt, das Auto gewaschen und die Steuererklärung gemacht werden. Was für ein Theater der innere Kritiker plötzlich im Kopf aufführt, nur damit die Chance minimiert wird, ein NEIN oder eine Zurückweisung zu kassieren, ist unglaublich.

Das Tolle an unserem Gehirn ist ja, dass es sich immer wieder neu programmiert, daher wusste ich, eines Tages würde die Angst weniger und der Kritiker leiser werden. Bis dahin brauchte ich nur ein paar Sätze in petto, mit denen ich das Gespräch bestmöglich anfangen konnte. Diese gebe ich dir hier weiter mit der Bitte, die Formulierungen herauszufiltern, mit denen du dich wohlfühlst. (Für mich gab es damals übrigens nur zwei Optionen: Entweder mein Ge-

sprächspartner würde Partner des Unternehmens werden und einsteigen, oder er würde Kunde werden.)

Die Grundlage eines jeden Gespräches im MLM ist natürlich die positive Haltung, eine respektvolle und freundliche Ansprache und ein ehrliches Interesse am Gegenüber. Du berichtest einfach ohne Druck von dieser fantastischen Gelegenheit, wie du es von einem Lieblingsrestaurant tun würdest. Das Ganze am besten mit möglichst vielen Zuhörern. Erfolgsversprechend sind die Formulierungen jedoch immer nur, wenn die Absicht positiv ist, denn wie sagte meine Großmutter schon immer? Es kommt nicht darauf an, was du sagst, sondern wie du es sagst! Nimm also den Druck raus, gehe mit deinem Gegenüber in Kontakt, öffne dein Herz – dann ist der Rest ein Kinderspiel. Besonders wichtig ist es dabei, dass du darauf achtest, ob die andere Person gerade überhaupt in der Lage ist, dir zuzuhören bzw. offen ist für ein Gespräch. Mit anderen Worten: Der Zeitpunkt ist entscheidend! Versetze dich immer in die Lage des anderen, eröffne dann das Gespräch mit einem Lächeln und Freude in deiner Stimme. Die Meister im Aufbau von großen Strukturen sind Meister darin, gute Laune zu verbreiten und echte, ernstgemeinte Komplimente vor dem Gesprächsbeginn zu geben. Es ist so simpel, menschlich und wird deine Quote immens erhöhen.

Schritt 1: Warm-up

- »Hast du gerade einen Moment Zeit?«
- »Darf ich kurz mit dir sprechen?«
- »Passt es dir gerade?«
- »Schenkst du mir kurz ein paar Minuten?«

- »Mir ist bewusst, wie viel du um die Ohren hast, aber darf ich kurz stören?«

Wichtig ist es, im nächsten Schritt für eine entspannte Atmosphäre zu sorgen. Dafür kannst du Folgendes benutzen:

- »Was ich dir jetzt erzähle, konnte ich selbst kaum glauben.«
- »Was ich dir jetzt erzähle, kannte ich vorher auch noch nicht.«
- »Ich bin vollkommen von den Socken, nachdem ich mich mit dem, von dem ich dir kurz erzählen möchte, beschäftigt habe.«
- »Ich habe so lange nach einer risikofreien Gelegenheit gesucht, mit der ich anderen Menschen helfen kann.«
- »Ich könnte mir vorstellen, dass du gleich total geflasht bist, aber vielleicht täusche ich mich.«

Schritt 2: Interesse wecken

- »Ich stelle dir kurz etwas vor, bin mir aber nicht sicher, ob es etwas für dich ist. Wenn nicht, ist das vollkommen in Ordnung, ich möchte nur, dass du eine der ersten Personen bist, mit der ich darüber rede.«
- »Ich bin auf keinen Fall sauer oder enttäuscht, wenn das, was ich dir jetzt erzähle, nichts für dich ist.«
- »Du kannst mich jederzeit unterbrechen und nein sagen, das ist vollkommen okay!«
- »Hast du jemals darüber nachgedacht, deine Einkommensquellen auszubauen?«
- »Wenn du zukünftig nicht mehr Zeit gegen Geld tauschen müsstest, darf ich dann weiterreden? Möchtest du also wissen, wie?«

- »Wenn ich dir ein kurzes Video zusende, würdest du es dir anschauen?«
- »Ich habe etwas kennengelernt, was ich von zu Hause aufbauen kann. Darf ich kurz mit dir teilen, was ich mache?«
- »Wenn es einen Weg gäbe, wie du ohne finanzielles Risiko Geld verdienen kannst, würdest du mehr darüber erfahren wollen?«
- »Ich habe ein Business kennengelernt, das so fair ist, dass ich es nicht glauben konnte.«
- »Lust auf ein Business ohne Risiko?«
- »Hast du ein paar Minuten Zeit, um mit mir über einen Plan B zu sprechen, sollte Plan A nicht mehr funktionieren?«
- »Mal angenommen, es gäbe eine Möglichkeit, in Teilzeit ortsunabhängig zu arbeiten, mit der Möglichkeit eines vollen Einkommens, würdest du dir das anhören?«
- »Hast du schon einmal von residualem/passivem Einkommen gehört?«
- »Bist du offen für eine Möglichkeit, Geld zu verdienen?«
- »Ich würde gern mit dir gemeinsam ein Business starten, bist du offen für ein paar Euro zusätzliches Einkommen/Haushaltsgeld?«
- »Die Wirtschaft hat sich so verändert und ich habe etwas gefunden, das perfekt in die Zeit passt. Darf ich dir davon erzählen?«
- »Ich habe endlich etwas gefunden, das wir geschäftlich zusammen machen können. Darf ich dir davon erzählen«?
- »Ich habe etwas kennengelernt, das für mich zu hundert Prozent Sinn ergibt und hätte gern deine Meinung darüber.«
- »Ich expandiere gerade mit meinem Business, vielleicht ist es nichts für dich, aber du bist jemand, mit dem ich gern zusammen bin und mit dem ich gern

zusammenarbeiten würde. Darf ich dir kurz erzählen, worum es geht?«
- »Ich suche nach ein paar handverlesenen Partnern, mit denen ich ein Projekt starte. Wärst du offen dafür, dir anzuhören, was ich mache?«
- »Ich suche für mein Business einen bestimmten Typ Mensch und du kamst mir sofort in den Sinn.«

Bei Menschen, die schon sehr erfolgreich und finanziell frei sind, habe ich immer Folgendes gesagt:

- »Ich habe etwas kennengelernt und würde mich über dein Feedback dazu freuen. Für dich ist das bestimmt nichts, aber vielleicht kennst du jemanden.«
- »Ich habe ein Business kennengelernt und bevor ich damit weitermache, würde ich gern jemandem die Geschäftspräsentation zeigen, der mich mag und schon erfolgreich ist.«
- »Ich habe etwas kennengelernt und mich gefragt, wer von allen Menschen, die ich kenne, damit ein Vermögen verdienen könnte: Du! Deshalb rufe ich an.«
- »Du hast ein riesiges Netzwerk! Kennst du jemanden, der von zu Hause aus Geld verdienen möchte?«
- »Ich habe mich selbstständig gemacht und suche nun neue Geschäftspartner. Du hast so viele Kontakte und ich wollte dich bitten, dir das mal anzuschauen. Falls es für dich nicht interessant sein sollte, kannst du mir vielleicht jemanden empfehlen.«

Menschen, die ich sehr gut kannte, habe ich viel persönlicher angesprochen. »Du hast mir davon berichtet, dass du …

- unglücklich in deinem Job bist.«
- mehr Geld brauchst.«

- umziehen willst.«
- immer ausgelaugt bist.«
- unter der körperlichen Arbeit leidest.«
- du dich immer auf das Wochenende freust und noch nach Erfüllung suchst.«
- deine Kinder öfter sehen möchtest.«
- deiner Familie mal etwas gönnen möchtest.«
- mit der Familie häufiger reisen willst.«
- dir dein Leben anders vorgestellt hast.«
- deinen Chef hasst.«
- noch immer abhängig von deinen Eltern bist.«
- viel Geld verloren hast.«
- deine Eltern in Würde altern lassen möchtest.«
- deine Kinder am liebsten auf eine Privatschule schicken würdest.«
- die beste Behandlung für deine Familie wünschst.«
- dein eigenes Business willst.«
- ein Träumer bist.«
- aufs Land ziehen willst.«
- dein Einkommen breiter fächern möchtest.«
- endlich unabhängig sein möchtest.«
- dir dein eigenes Studio einrichten möchtest.«
- »Ich glaube, ich bin da auf etwas gestoßen, um dein Problem zu lösen/um genau das zu erreichen.«

Beim Verlassen eines Raumes (Party etc.) habe ich zu denen, die mir sympathisch waren, gern gesagt:

> »Das ist hier nicht der richtige Ort und auch nicht die Zeit dafür, aber darf ich dich um deine Nummer bitten und dir in Ruhe etwas erzählen, denn du siehst so aus …
>
> - als wärst du sehr erfolgreich.«
> - als wärst du an einem Business interessiert.«
> - als könnten wir ins Geschäft kommen.«

- als würdest du dir ein riesiges Ding nicht durch die Lappen gehen lassen wollen.«

Schritt 3: Zu einer Präsentation einladen

»Ich weiß, du hast jetzt eine Menge Fragen. Die beantworte ich dir gern …

- bei einer Präsentation.«
- in einem exklusiven Zoom-Meeting.«
- sobald du das Video angeschaut hast.«

Deine Präsentation

Während du zuvor viel über Speaking-Skills erfahren hast, die dich im Network-Marketing weiterbringen, dich bei der Präsentation von dir und deinem Geschäft also unterstützen, möchte ich an dieser Stelle den Fokus noch enger ziehen. Zunächst eine kleine Warnung, damit du anfangs nicht verwundert oder enttäuscht bist: Viele Menschen sind bei der ersten MLM-Präsentation, die sie hören, wie durch mentale Filter abgeschirmt. Diese Filter aus Glaubenssätzen und Vorurteilen sind dafür verantwortlich, dass die Informationen, die du ihnen geben möchtest, gar nicht wirklich zu ihnen durchdringen und verarbeitet werden. Die meisten Menschen, die zum ersten Mal etwas von diesem Geschäftsmodell hören, haben Gedanken wie »Das kann doch nicht so einfach sein« oder sind irritiert, weil du ihnen genau das Gegenteil von dem erzählst, was sie in der Schule gelernt haben.

Halte deine Präsentation immer kurz und präzise, wie bei einem Pitch vor einem bedeutsamen Komitee, das dir nur 30 Sekunden seiner Zeit gewährt, damit du es von dir überzeugen kannst. Ich spreche hier auch von der Napkin-Präsentation oder der Servietten-Technik: Alles, was du zu sagen hast, um zu überzeugen, muss auf eine Serviette passen. People are either inspired or turned off by you – entweder inspirierst du die Menschen oder du sorgst dafür, dass sie mental abschalten. Deine Art der Präsentation ist dabei entscheidend. Und vor allem: Halte dich kurz! Warum? Menschen stellen sich bewusst oder unterbewusst die Frage: »Kann ich das auch?« Wenn deine Präsentation also zu sehr einem Fachvortrag ähnelt oder zu lange dauert, beantworten sie sich selbst die Frage mit »Nein«. Also einfach halten und kopierbar gestalten.

Umgang mit denen, die nicht wollen

Wie ich bereits mehrmals erwähnt habe, musst du insbesondere in der Zeit, in der du dein Business aufbaust, mit viel Gegenwind aus deinem näheren und weiteren Umfeld rechnen. Oftmals sind das die Jahre, in denen weder dein Business noch dein Selbstbewusstsein auf besonders stabilen Beinen stehen. Nicht selten knicken MLM-Einsteiger bereits an dieser Stelle ein und werden nie erleben, wie es sich anfühlt, wenn großer Einsatz große Früchte trägt. Ich kenne übrigens wirklich niemanden, der am Anfang seiner Zeit im Network-Marketing nicht kritisiert wurde. Weil du also ziemlich sicher damit rechnen kannst, möchte ich dich in diesem Kapitel stark machen für diese Phase deiner Selbstständigkeit.

Beginnen wir mit einer Methode, die dich souverän mit Einwänden umgehen lässt. Um diese zu verstehen, machen wir einen kleinen Ausflug in dein Gehirn. Wann immer dein Gehirn etwas zum ersten Mal sieht, hört oder wie auch immer wahrnimmt, spult es zurück und begibt sich auf eine Reise in die Vergangenheit. Es sucht dort nach Referenzpunkten und schaut, was es in der Gegenwart damit tun kann und ob es ihm in der Zukunft von Nutzen sein wird oder entsorgt werden kann.

Dieses Wissen nutzt du für dich, wenn jemand Einwände gegen dein Geschäft erhebt. Wie genau, dazu kommen wir gleich. Denn du musst beachten, dass es vier Menschentypen gibt und jeder einzelne andere Kritikpunkte auf wieder unterschiedliche Art anbringen wird: Eine *Eule* wird faktische Einwände erheben, ein *Hai* wird dich vielleicht persönlich angreifen, ein *Wal* wird zwischenmenschliche Bedenken äußern und ein *Delfin* wird dir schlichtweg nicht mehr zuhören und anfangen, deine Präsentation zu stören.

Außerdem wird dir auffallen, dass es Angriffe in zwei übergeordneten Kategorien geben wird: Auf sachlicher Ebene kann es gegen dein Geschäft oder dein Produkt gehen, auf persönlicher Ebene wird es gegen dich gehen. Menschen, die dich sachlich angreifen, sind besser zu regulieren, wohingegen es insbesondere bei Einwänden auf der persönlichen Ebene bei dir schnell zu einer körperlichen Stressreaktion kommen kann, die durch die Ausschüttung von Adrenalin und Cortisol sogar körperlich messbar ist, und dich bereit zum Gegenangriff oder zur Flucht macht. Beides wirst du nicht brauchen, wenn du zu meiner Methode greifst.

Stell dir vor, jemand springt während deiner Präsentation auf und fängt an, dich und dein Geschäft zu beschimpfen, dich als Halsabschneider und deine Geschäftsmethoden als ausbeuterisch zu bezeichnen. Vielleicht kennst du aus deinem eigenen Erfahrungsschatz leider bereits ähnliche Beispiele.

Zukünftig wirst du mit der VGZ-Methode (Vergangenheit, Gegenwart, Zukunft) freundlich und gelassen auf derartige Angriffe reagieren. Die Basis für jedes Gespräch ist dabei das Verständnis und die Achtung des Gegenübers, um auf Einwände zu reagieren. Du bedankst dich für den Einwurf, zeigst Verständnis und sagst, dass es dir vor ein paar Jahren auch noch so gegangen sei. Du schlägst also eine Brücke zu deinem Gegenüber, was ihm den Wind aus den Segeln nimmt. Zudem machst du es wie das menschliche Gehirn und springst in die Vergangenheit. Dann erzählst du deinem Gegenüber eine kleine Geschichte, vielleicht eine Episode darüber, was du früher über Network-Marketing gedacht hast, wie dieser Glaubenssatz dann entkräftet wurde und wie du heute darüber denkst – sprich: Du nimmst ihn nun mit in die Gegenwart. Schließlich bittest du ihn darum, dir noch ein paar Minuten Gehör zu schenken und danach zu entscheiden, ob er weiter mit dir über das Geschäft sprechen oder seines Weges gehen möchte.

Du gibst also den Ausblick auf die Entscheidungsmöglichkeit in der Zukunft. Dieses Konzept nenne ich die VGZ-Methode. Wir führen den Gesprächspartner also von der Vergangenheit in die Gegenwart und dann in die Zukunft. Auf meinem Seminar »Speaking Performance Practitioner« trainieren wir das übrigens so lange, bis es sitzt. Zu deinem besseren Verständnis gebe ich dir noch ein Beispiel für den Umgang mit einem klassischen Einwand:

»Network-Marketing? Das ist doch ein Schneeballsystem!«

»Ich kann richtig gut verstehen, dass du das so siehst, genau das habe ich früher auch gedacht. Als ich dann meinen Sponsor kennenlernte, hat er mir gesagt, dass ich keine Angst haben müsse, denn zum Glück seien Schneeballsysteme in Deutschland und vielen anderen europäischen Ländern illegal. Das, was wir machten, sagte er, sei ein Lawinensystem. Denn wir treten ein Schneebrett los, das so viel Fahrt aufnimmt, dass es um die ganze Welt rast. Du kannst überall Menschen aufbauen und fördern, um gemeinsam mit ihnen Geld zu verdienen. Gib mir zehn Minuten Zeit, um dir genau zu erklären, wie es funktioniert und bewerte dann das Ganze für dich.«

Achte bei deinem VGZ darauf, dass du die gleichen Begriffe verwendest wie dein Gegenüber und echtes Verständnis zeigst – erzähle also keine Märchen, sondern wahre Geschichten aus deinem Leben. Alles andere würde dein Gesprächspartner ohnehin spüren. Nun möchte ich mit dir auf ein paar klassische Einwände schauen. Überlege dir im Anschluss, mit welchen Kritikpunkten an deinem Geschäft du schon konfrontiert wurdest oder werden könntest und formuliere für all diese Punkte ein VGZ, das du parat hast, wenn du durch den Sturm segeln musst.

Ein weiterer wichtiger Punkt ist, dass du ruhig und freundlich bleibst. Denn vielen Kritikern geht es nur bedingt um die Sache, sondern vielmehr um die Reibung. Lass dich davon nicht emotional anstecken. Mir hilft dabei jedes Mal der Gedanke, dass das, was mein Gegenüber sagt und wie er dies tut, mehr mit ihm selbst als mit mir zu tun hat. Wenn jemand sich beispielsweise auf Texte aus der Zeitung oder dem Internet beruft, dann greife niemals deren Urheber an, lenke insofern ein, dass du deren Perspektiven zustimmst – was nicht bedeutet, dass du deren Meinung zustimmst. Aber von diesem friedlichen Standpunkt aus kannst du deine Sichtweise einbringen. Verteidige dich nicht, sondern erwidere etwa: »Interessant, und alles, was du sagst, ist aus der Sicht von XY vollkommen richtig.« Dein Gegenüber wird vermutlich nicht mit dieser Antwort rechnen. Anschließend kannst du ihm diese Frage stellen: »Darf ich dir etwas über meine Realität erzählen und darüber, was MLM für mich bedeutet?« Du wirst entweder auf Offenheit stoßen oder du erkennst schnell, dass es deinem Gesprächspartner in Wirklichkeit nicht um einen sachlichen Austausch geht.

Ich habe im Folgenden einige klassische Einwände mit möglichen Antworten für dich vorbereitet. Fühl dich frei, sie zu benutzen oder dir individuelle Antworten zu überlegen.

»Das ist doch ein Pyramidensystem!«

Die Pyramide ist eine der faszinierendsten Formen, die es gibt. Als Angestellter habe ich mich eines Tages gefragt, ob ich denn hier in dieser Unternehmensform nicht auch in einer Pyramide arbeitete. Ich musste feststellen, dass das stimmte und ich ziemlich weit unten angesiedelt war. Also fing ich an, mir meine eigene Pyramide zu bauen. Mit dem Unterschied, dass die, die nach mir kommen, keinen Nachteil haben sollen.

»Die Produkte sind viel zu teuer!«

Im Network-Marketing werden viele hochpreisige und gleichzeitig hochqualitative Produkte und Dienstleistungen vertrieben. Denn dahinter steckt viel Forschung, viel Laborarbeit und viele

Patente, die dazu beigetragen haben, genau dieses hochwertige Produkt auf den Markt zu bringen. Und als ich mich darauf eingelassen und selbst erlebt habe, welchen Mehrwert und Nutzen sie mir bieten, habe ich meine Meinung dahingehend geändert. Somit ist es mir nun jeden Cent wert.

»Ich habe keine Zeit dafür!«

Ich hatte den Gedanken früher auch, dann habe ich erkannt, wie viel tote Zeit eigentlich in meinem Alltag steckt, die ich bislang damit verbracht hatte, mich irgendwie berieseln zu lassen. Vielleicht geht es dir ja ähnlich?! Schau doch einmal, wie viel tote Zeit eigentlich in deinem Alltag steckt, die du bislang mit Berieselt-Werden verbracht hast. Ich möchte dich dazu einladen, in genau diesen Momenten Network-Marketing zu betreiben, um dir dadurch in der Zukunft ein höheres Maß an freier Zeit zu sichern. Denn wir alle tauschen in irgendeiner Form Zeit gegen Geld. Doch wenn du deine Zeit nicht mehr komplett eintauschen, sondern im Network-Marketing an der richtigen Stelle, nämlich in den Aufbau eines starken Teams investierst, das gemeinsam Geld verdient, von dem du einen gewissen Prozentsatz abbekommst, musst du dir irgendwann keine Gedanken mehr um zu wenig Zeit machen.

»Wo soll ich denn überhaupt Menschen kennenlernen?«

Im MLM nimmst du dein Geschäft und dein Produkt überall dorthin mit, wo du dich selbst aufhältst: bei deinen Freunden, im Urlaub, in der Bahn, im Büro, beim Sport und auf Grillpartys oder in der Krabbelgruppe. Und irgendwann werden dich Menschen danach fragen – und dann bist du vorbereitet für eine Präsentation.

»Ich kann das doch gar nicht!«

Wenn ich *eine* Erfahrung in den vergangenen zwanzig Jahren gemacht habe, dann die, dass diese Menschen, die genau diesen Satz gesagt hatten, zu den erfolgreichsten Networkern wurden.

Weitere Einwände und Zweifel am MLM, mit denen du üben und auf die du dich vorbereiten kannst:

»Ich kann nicht verkaufen.«
»Das ist nichts für mich.«
»Da gewinnen nur die ganz oben.«
»Ich habe kein Geld.«
»Ich kenne niemanden, den ich ansprechen könnte.«

Und jetzt du: Sammele Einwände und das, was du fortan darauf erwidern wirst!

Ich hatte ja oben bereits die vier Menschentypen in Bezug auf die Kritik erwähnt, die ich weiter hinten noch genauer beleuchte. Passend dazu gibt es noch vier Typen, die unterschiedlich mit Kritik umgehen. Schau doch einmal, wie du selbst mit Kritik umgehst und zu welchem der vier Typen du gehörst:

- Der Aal:
  Du lässt dich bei Kritik plötzlich nicht mehr greifen und wirst »glitschig«.

- Die Moräne:
  Du beginnst bei Einwänden, wild um dich zu beißen.

- Der Clownfisch:
  Du machst Witze, sobald jemand Bedenken äußert.

- Die Schildkröte:
  Du ziehst dich bei Gegenwind sofort zurück.

Hier ist es jedoch unwichtig, zu welchem Verhalten du tendierst, denn die VGZ-Methode wird dich in jedem Fall dabei unterstützen, Einwänden fortan souverän zu begegnen. Übe sie und freu dich jetzt schon auf die nächste Kritik als persönliche Trainingsmöglichkeit.

Bei all deiner Vorbereitung darauf, gut zu präsentieren und Menschen zu überzeugen, habe immer im Hinterkopf, dass es Menschen gibt, die schlichtweg nichts verändern wollen. Sie haben sich so sehr daran gewöhnt, sich über die Misere in ihrem Leben zu beklagen, dass ihnen das wiederum ein gutes Gefühl gibt. Es ist unfassbar anstrengend, viele Leute auf dem Rücken über einen Fluss zu tragen. Also lass die zurück, die nicht möchten, und gehe mit denen weiter, die neben dir laufen statt auf dir sitzen wollen. Verzichte immer darauf, zu missionieren – und seist du noch so begeistert von deinem Produkt und deinem Geschäft! Dein Gegenüber steht wahrscheinlich an einer vollkommen anderen Stelle in seinem Leben als du. Konzentriere dich also auf diejenigen, die wirklich wollen und bereit sind.

Achte bei Kritik auch immer darauf, von wem sie kommt und wie sie formuliert ist. Wenn dich in einem sozialen Netzwerk Piggy997 mit einem Katzenbild im Profil undifferenziert beschimpft, kannst du das getrost ignorieren. Wenn Einwände hingegen von Menschen kommen, die dich wirklich schätzen, dann erkläre ihnen, was dir ihre Unterstützung bedeuten würde und dass sie dir diese schon zeigen können, indem sie dir vertrauen, und dir die Zeit geben sollen, deine Resultate für dich sprechen zu lassen. Gib auch du im Gegenzug deinem Umfeld Zeit, sich mit deinem Geschäft und deiner Vision anzufreunden. Nach zwanzig Jahren im Bereich Training und Public Speaking haben sich meine Eltern 2019 in Ingolstadt zum allerersten Mal einen meiner Bühnenauftritte während meiner Buchtour angesehen. Erst dann waren sie bereit dazu, und ich hatte ihnen diese Zeit gegeben.

Bedenke außerdem: Wenn dich niemand kritisiert, machst du etwas falsch, denn dann schwimmst du mit dem Strom und eckst nirgendwo an. Aber du bist kein Glas Nussnougatcreme – dich müssen nicht alle mögen! Bewahre und stärke deine innere Haltung, rechtfertige dich nicht und investiere deine Energie lieber so, dass schon bald deine Ergebnisse für dich sprechen. Was dich übrigens in Zeiten des Sturms schützt und trägt, ist ein Warum, ein Beweggrund für dein Geschäft, der so stark ist, dass er dein Anker und dein Antrieb zugleich ist. Diesen Beweggrund schauen wir uns im nächsten Kapitel genauer an.

Wenn du jemanden nach seiner Meinung zu deinem Geschäft fragst, dann achte darauf, wen du fragst. Unternehmer werden dir Unternehmertipps und -meinungen geben, aber von Angestellten erhältst du Angestelltentipps und -meinungen. Wundere dich also nicht, wenn dir hier besonders starker Gegenwind um die Ohren weht, denn hier versucht ein System, sich selbst zu erhalten. Dafür wird eine gesamte Branche in den Dreck gezogen und Wahrheit verdreht. Wenn wir genauer hinschauen, ist das nicht allzu verwunderlich. Denn: Hamster lieben ihr Hamsterrad und verteidigen es sogar. Ähnlich verhält es sich mit denjenigen, die zum konventionellen Wirtschaftssystem gehören: Offensichtlich geht es vielen darin nicht gut, doch sie verteidigen es. Das wiederum hat viel mit der inneren Ausrichtung und dem Selbstverständnis der Menschen zu tun. Hast du dich schon mal gefragt, warum es so viele Kühe, aber nur so wenige Wale gibt? Weil Kühe jemandem gehören und versorgt werden. Wie ist es bei dir? Wem gehörst du und dein Leben?

Es gibt einen Spruch, den du verinnerlichen darfst: Lass niemanden auf den billigen Plätzen eine teure Meinung über dich haben. Achte also genau darauf, von wessen Worten du dich beeinflussen lässt. Außerdem kannst du immer noch entscheiden, ob du die dir entgegengebrachte Kritik annehmen möchtest. Kurzum: Wenn dich jemand mit Kuhmist bewirft, entscheidest du, ob du den Mist fängst. Oder ob du einen Schritt zur Seite gehst und anschließend den Mist dazu verwendest, etwas zu düngen: deinen Erfolg. Denn in wenigen Jahren kannst du deine Ergebnisse für dich sprechen lassen.

Es wird ohnehin nicht jedem gefallen, was du tust – und das ist in Ordnung. Nimm dir einmal den *ZDF-Fernsehgarten* als Beispiel: Meinst du, diese Inhalte finden alle gut? Denkst du, nur weil jemand in der ersten Reihe im Publikum sagt: »Ich würde niemals wie die tanzen«, dass die Tänzer deswegen aufhören? Schenke niemals den Menschen Beachtung, die Kaugummi kauend in die Arena schauen. Höre nur auf diejenigen, die wie du auch in der Arena kämpfen.

Ja, du wirst Zurückweisung erfahren und negative Kommentare zu hören bekommen. Aber je mehr du von beidem erntest, desto mehr Erfolg wirst du haben, denn beides hängt unmittelbar zusammen. Eines Tages wirst du vielleicht das Gefühl haben, dass dir das Universum mit all dem, was dir entgegenschlägt, den Boden unter den Füßen wegziehen will. Doch in Wahrheit setzt sich alles nur neu zusammen.

Auch ich bin durch diesen Sturm gegangen. Anfang 2020 titelte eine der auflagenstärksten deutschen Zeitungen in ihrer Sonntagsausgabe mit »Dein Coach – dein Feind und Abzocker«. In diesem Artikel ging es größtenteils um mich und meine Arbeit. Haben mich Zeilen wie »Ihre Not, seine Millionen« oder »Die Euphoriker« unberührt gelassen? Nein! Aber sie haben auch nicht dafür gesorgt, dass ich aufhöre – im Gegenteil. Und weil alles im Universum wellenförmig verläuft und wir in einer Welt der Dualität leben, hat dieser Artikel eine riesige Welle des Zuspruchs und der Liebe in meiner Community losgetreten, die mich nicht nur ermutigt und mit durch diese Tage getragen, sondern auch meine Vision noch mehr Menschen zugänglich gemacht hat.

Ja, es können manchmal ziemlich plötzlich sehr dunkle Zeiten anbrechen. Doch lass dann nicht die dunklen Gedanken das Steuer in deinem Leben übernehmen. Steige nicht auf all die innerlichen »Was ist, wenn ich jetzt aufgebe?« ein. Denn das wirst du nicht. Nicht, nachdem du dieses Buch gelesen hast. Aufgeben ist keine Option, denn Menschen, die aufgeben, haben schon verloren. Und das immer. Du wirst stattdessen weitergehen – durch den Sturm, bis sich der Himmel und die Luft gereinigt haben. Bis du wieder klar siehst. Wenn ich das schaffe, schaffst du das auch!

Bei aller Methodik und Überzeugungskraft wird es jedoch auch immer Menschen geben, die du nicht für dich und dein Geschäft gewinnen kannst. Lass mich hierfür noch einmal auf die Bäckerei zurückkommen, über die wir bereits am Anfang des Buchs gesprochen haben. Stell dir nun vor, du wärest Bäcker und wolltest deine eigene Bäckerei eröffnen. Du hättest all dein Herzblut hineingesteckt und nun wäre der Tag der Eröffnung gekommen. Du hättest Fähnchen und Ballons gekauft, Gastgeschenke verpackt, zudem all deine Freunde und Bekannten eingeladen. Denn du möchtest ihnen unbedingt deine Waren zeigen, deine Brötchen, den Kuchen, das Gebäck und deine neue italienische Kaffeemaschine. Stell dir vor, du wärest begeistert und voller Vorfreude.

Aber dennoch: Würden alle kommen, die du eingeladen hast? Nein! Würden alle deine Brötchen lieben und sie kaufen? Nein! Es ist unwichtig, wie gut deine Produkte sind, sie werden nicht allen gefallen. Ganz im Gegenteil: Einige deiner besten Freunde und engsten Familienangehörigen werden irgendwann mit der Brötchentüte der Konkurrenz an dir vorbeilaufen. Sie werden nicht einmal bemerken, dass sie dich damit verletzen. Aus diesem Grund habe ich im Laufe der Zeit eine ziemlich gleichmütige Einstellung dazu entwickelt: Nicht alle müssen und werden meine Brötchen mögen. Ich konzentriere mich lieber auf die Kunden, die meine Produkte lieben. Denn das gibt ihnen und mir mehr Energie.

Die folgende Geschichte, die ich einmal während einer sonntäglichen Geschäftspräsentation gehört habe, hat nicht nur dafür gesorgt, dass ich mir vor Lachen den Bauch halten musste, sondern hat mir auch geholfen, meinen Frieden mit denen zu schließen, die ich nicht für mich gewinnen kann.

Die Goldgrube

Stell dir vor, du fährst im Sommer mit deinem Auto über eine Landstraße durch eine wunderbare Umgebung. Links und rechts der Straße stehen Bäume, die Sonne scheint. Alles ist perfekt und rechts vor dir führt ein kleiner Schotterweg einen Hügel hinab. Deine Neugier packt dich und du schlägst diesen Weg ein. Nach einigen Metern liegt vor dir eine große Scheune, an deren Tür ein Schild hängt. Es trägt die Aufschrift: »Jeder darf sich bedienen.« Erwartungsvoll öffnest du das alte Holztor und wirst augenblicklich geblendet. Die ganze Scheune ist voller Gold. Du kannst dein Glück kaum fassen und nimmst mit beiden Händen so viel Gold, wie du tragen kannst. Du schleppst es nach draußen zu deinem Wagen, öffnest den Kofferraum, legst das Gold hinein, schließt ab und läufst zurück. Dein Herz rast, du schreist und lachst vor lauter Glück und Freude. Und es kommt noch besser: An der Stelle, von der du die erste Fuhre genommen hattest, ist die gleiche Menge Gold nachgewachsen. Du kannst es kaum glauben, rennst hin und her, bis dein Auto voll ist und du fast nicht mehr hinter das Steuer passt. Du fährst nach Hause, verstaust das Gold. Aber was jetzt? Genau, du mietest dir einen Lkw und beginnst wieder von vorn. Auch dieser ist irgendwann beladen, aber das Gold wächst einfach unaufhörlich nach. Dein Goldhunger ist irgendwann gesättigt und du kommst auf die Idee, die wichtigsten Menschen in deinem Leben anzurufen. Es ist mittlerweile nach 22 Uhr und ich frage dich: Wäre dir die Uhrzeit egal? Wären dir Höflichkeitsfloskeln gleichgültig? Ja, logisch. Du nimmst also dein Handy, scrollst durch deine Favoritenliste und rufst die Menschen an. Am anderen Ende meldet sich eine Stimme und du? Du atmest einmal tief ein und schreist voller Inbrunst: »ICH HABE UNMENGEN GOLD GEFUNDEN! Alles voller Gold! Ich habe keine Zeit für lange Erklärungen! Komm sofort vorbei, es ist genug für uns beide da!«

Lass mich hier kurz unterbrechen. An dieser Stelle hast du eben die wichtigsten Bestandteile eines Anrufs gelernt, die du bei der Gewinnung neuer Partner berücksichtigen musst: Begeisterung und Dringlichkeit. Und obwohl du weißt, dass es die Scheune mit all dem Gold wirklich gibt, wirst du auf deinen Anruf die unterschiedlichsten Reaktionen bekommen:

- »Danke, ich bin nicht interessiert.«
- »Heute läuft Fußball.«
- »Wo ist denn das genau? – Wie? So weit draußen?«
- »Ich bin müde.«
- »Mein Hamster ist vom Rad gefallen.«
- »Du kannst mir ja viel erzählen, das glaube ich dir nicht.«

Rein statistisch wird nur eine von zehn Personen schreien: »Ich bin gleich da und bringe einen Traktor und Schaufeln mit!«

Was ich dir mit dieser Geschichte sagen will? Einige wollen, andere eben nicht. Kurzum: Der nächste bitte!

An dieser Stelle bleibt mir also nur, dir viel Freude beim Bergen des Schatzes in der Goldscheune zu wünschen – gemeinsam mit deinen Freunden und vielen anderen Menschen, die dir vertrauen, und sofort losfahren, um an deinem Schatz teilzuhaben.

Die vier Menschentypen im MLM

Ich bin mir sicher, du möchtest dein Geschäft auf stabile Füße stellen. Dann ist für dich das Wissen unerlässlich, dass es vier unterschiedliche Menschentypen gibt. Denn diese Menschentypen werden auf dein Produkt oder deine Dienstleistung auf unterschiedliche Art und Weise reagieren – in ihrer ganz eigenen Sprache. Die erfolgreichen Network Marketer verstehen und sprechen jede dieser Sprachen fließend und können so am besten auf die Person vor sich eingehen.

Je besser du die einzelnen Menschentypen kennst und weißt, wie sie ticken, desto schneller wirst du zuordnen können, was die Menschen brauchen, die gerade vor dir stehen. Denn letztendlich investieren wir immer in Beziehungen, insbesondere, wenn es darum geht, sich ein Team und ein Business aufzubauen. Bei dir selbst und auch bei deinen Mitmenschen wirst du feststellen, dass niemand nur Anteile eines dieser Menschentypen in sich trägt. Vielmehr haben wir alle in unterschiedlicher Ausprägung Wal, Hai, Delfin und Eule in uns.

Der Wal

Dieser Menschentyp ist perfekt für das MLM. Denn er liebt die Gemeinschaft, sich etwas mit anderen, mit Gleichgesinnten aufzubauen. Wale sind überaus sozial und auf Harmonie ausgerichtet, du triffst sie nicht nur auf Events und Abendveranstaltungen, sondern sie sind auch diejenigen, die sich ins Zeug legen, dich bei der Organisation, dem Aufbau und der Durchführung dieser Termine zu unterstützen. Sie sind die ideale Besetzung, um Veranstaltungen und Aktionen für soziales Engagement zu organisieren. Zudem ist es in ihrem Finanzplan ohnehin fest vorgesehen, monatlich eine bestimmte Summe ihres Einkommens zu spenden. Wenn du Seminare und Veranstaltung durchführst, lass den Wal die Teilnehmer begrüßen: Er wird es mit echter Herzenswärme tun.

Wale lieben tiefgründige, echte Beziehungen, was sie zu loyalen Geschäftspartnern macht, die Produkte mit viel Liebe präsentieren. Gleichzeitig fliegen sie um die ganze Welt, um mit der Gruppe zusammen das Unternehmen weiterzubringen. Walen mangelt es vielleicht an Konfliktfähigkeit, doch dank ihrem Übermaß an Empathie spüren sie genau, was ihr Gegenüber braucht – Anerkennung, Ermutigung, eine Bühne oder einen Freund – und sie werden nichts unversucht lassen, es ihm zu geben. Lege bei ihnen Wert auf einen regelmäßigen Austausch, denn er ist ihnen wichtig. Auch solltest du den Walen in deinem Team regelmäßig Mut zusprechen.

Wale sind keine Leader auf den ersten Blick. Doch solltest du sie als potenzielle Führungskräfte nicht unterschätzen. Unter der richtigen Anleitung und mit gutem Coaching können sie hier eine starke Kraft mit feinen Antennen für die Bedürfnisse anderer sein, die genau spüren, warum ein Team beispielsweise unproduktiv arbeitet. Nimm dir Zeit für Wale und schenke ihnen echtes Lob, Aufmerksamkeit und Anerkennung. Sie werden vielleicht erst einmal versuchen, dies zurückzuweisen, doch insgeheim werden sie sich riesig darüber freuen, denn sonst sind die Wale immer diejenigen, die diese Wertschätzung anbringen.

Der Hai

Das große Ganze in den Blick nehmen und davon möglichst viel profitieren: Das sind Haie. Sie lieben das Geschäftsleben, den Wettbewerb, Statussymbole, das Präsentieren, dicke Autos und Pins am Reverse, die sie auszeichnen. Sie sind diejenigen, die als Allererste den Vergütungsplan durchschauen und das Business für sich mit Hebelwirkung nach vorne bringen. Wenn du einen Hai zum Geschäftspartner hast, ist es gut möglich, dass dieser etwas viel Größeres aufbaut als du.

Haie sind stabile Partner, die sich allerdings weniger für die Inhaltsstoffe eines Produktes interessieren als vielmehr, was sie persönlich von all dem haben. Haie sind mutig, entschlossen, selbstständig und willensstark. Haie arbeiten zielstrebig, unabhängig und sind selbstbewusst, oft aber auch unempathisch, herrisch und neigen dazu, auf andere herabzuschauen. Niedrige Aufgaben delegieren sie gern, scheuen sich jedoch nicht davor, Verantwortung zu übernehmen. Gib einem Hai als Kunden alle nötigen Informationen – nicht mehr, aber auch nicht weniger – und sorge dafür, dass er schnell beliefert wird, denn ihn überzeugst du mit Effektivität und Brillanz.

Wenn du die Haie in deinem Team bei Laune halten möchtest, erstelle beispielsweise monatliche Rankings und Competitions innerhalb deiner Organisation – Haie lieben den Wettbewerb. Anreize kannst du für sie auch immer wieder mit Anerkennung und Incentives schaffen, oder indem du regelmäßig Leader-Meetings einberufst, an denen man nur ab einer bestimmten Position teilnehmen kann. All das stößt bei Haien auf Begeisterung und wird ihre Motivation triggern. Außerdem wird es einem Hai gefallen, wenn du ihn mit anderen Leadern zusammenbringst.

Kleine Pläne und Träume sind nichts für Haie, du würdest sie schließlich auch nicht in einem Gartenteich ansiedeln. Haie wittern Erfolgschancen auf Hunderte Kilometer Entfernung und agieren blitzschnell, mit viel Taktil und Biss, um sie wahrzunehmen. Haie sind Workaholics – und die Standards, die sie für sich setzen, setzen sie auch für andere. Viel Verständnis für andere Perspektiven und weniger Vorwärtsgang darf man von ihnen nicht erwarten – doch sie sind nicht mit Absicht so, sondern weil dies schlicht ihrem Wesen entspricht. Organisiere Seminare und Weiterbildungen für »deine« Haie, lasse sie sich qualifizieren und setze sie bei Events unbedingt in die erste Reihe, denn dort gehören sie ihres Erachtens auch hin.

Der Delfin

Wenn du jemanden suchst, der dir genaue Informationen zu einem Produkt geben soll, frage keinen Delfin – er wird es nicht verstanden haben, denn er kauft es, weil er es cool findet. Delfine stecken gern mit dem Kopf in den Wolken und gleichzeitig mit allen Flossen mitten im Spaß – der Grund für ihre Anwesenheit im Network-Marketing. Delfine lieben Incentives und sind gern weltweit auf Veranstaltungen unterwegs. Es ist für sie eine riesige Party. Belohne Delfine mit Reisen und achte darauf, dass sie ausreichend Möglichkeit für das Socializing haben: Essen gehen und Barbesuche etwa.

Gehe mit Delfinen nicht zu sehr in die Tiefe, sondern binde sie mit unterhaltsamen und emotionalen Aspekten an dich und dein Business. Wenn du Seminare und Weiterbildungen organisierst, vergiss nicht, für die Delfine den Spaßfaktor mit einzubauen. Stelle sie dabei zum Beispiel auch als Moderatoren vor die Gruppe. So baust du dir Delfine als stabile Partner auf.

Delfine sind humorvoll, optimistisch, neugierig, gesellig, spontan und unbekümmert. Aber eben auch naiv, unorganisiert, egoistisch und mit einem nicht ganz unerheblichen Hang zu Übertreibungen ausgestattet. Einen Delfin in deinem Team wirst du sprühend vor Enthusiasmus und Kreativität erleben. Er ist ein Problemlöser, der immer mit innovativen Ideen aufwartet – die dann gern ein anderer Menschentyp planen und konzeptionieren kann, etwa eine Eule.

Die Eule

Innerhalb weniger Stunden hat eine Eule erfasst, wie der Vergütungsplan mit allen Stufen aufgebaut ist und weiß detailliert, wie ein Produkt funktioniert – und zwar nicht erst, wenn du sie dazu aufforderst, sie wird von sich aus sofort alle Zahlen, Daten und Fakten sichern, die sie über das Business und das Produkt bekommen kann. Wenn du keine Eule bist, ist es wichtig, wirklich gute Kenntnisse in all diesen Bereichen zu erwerben – denn wenn du auf eine stößt, wird sie dir viele, viele Fragen stellen. Beantworte sie stets zeitnah und schicke ihr alle Informationen und Updates umgehend zu. Das begeistert sie und gibt ihr Sicherheit. Wenn du sie einmal als Kunden oder Geschäftspartner gewonnen hast, bleibt die Eule wahrscheinlich ein Leben lang bei dir und sie wird sich langsam, aber beharrlich und solide immer weiter vorarbeiten. Lasse die Eulen in deinem Team ihr Wissen vor der Gruppe an andere weitergeben und gib die Veröffentlichung des Marketingplans, der monatlichen Rankings und Umsätze in ihre Hand, denn diese Aspekte sind die Heimat ihrer Interessen.

Eulen sind tiefgründig, reflektiert, bodenständig, ordnungsliebend, gründlich und immer bestens organisiert. Sie neigen aber auch zu Pessimismus, Schwermut, Perfektionismus und Spontanität. In Struktur und Ordnung laufen sie zur Höchstform auf und sind präzise, fleißige Mitarbeiter, die den perfekten Überblick behalten. Sie sind die ideale Besetzung, um neue Produkte zu testen und zu analysieren. Sie gehen in Seminaren, Weiterbildungen und Fachtagungen zu ganz bestimmten Bereichen voll auf.

Übung:

Du möchtest wissen, welcher Menschentyp du bist oder wie dein Geschäftspartner tickt? Unter diesem Link findest du den Test, den du selbst machen oder auch deine Partner durchführen lassen kannst:

www.tobias-beck.com/uyn-links

Notiere dir danach Möglichkeiten, wie du dein Produkt, deine Dienstleistung, deine Firma und deinen Marketingplan dem jeweiligen Menschentypen in seiner »Sprache« präsentieren kannst, um ihn für dich zu gewinnen.

Leadership

Ich frage dich an dieser Stelle nicht, ob du im MLM erfolgreich werden möchtest, denn das ist schlicht meine Grundannahme, da du dieses Buch in die Hand genommen hast. Wenn du im MLM erfolgreich werden und bleiben willst, kommen wir nicht umhin, uns dem Thema Leadership zu widmen. Wenn du die Punkte aus diesem Buch befolgst, wird der Tag kommen, an dem du viele, viele Menschen führen wirst. Und doch bist du schon ab dem Moment ein Leader – oder eine Leaderin, der Einfachheit halber bleibe ich bei der englischen Form, die beide Geschlechter impliziert –, wenn du auch nur einen einzigen Teampartner hast. Es ist eine Möglichkeit, darauf zu hoffen, im Laufe der Zeit Führungsqualitäten zu entwickeln. Doch ich glaube nicht an positives Denken ohne Handeln. Also lass uns jetzt den Leader in dir bewusst aktivieren.

Leadership hat immer etwas mit Glaubwürdigkeit zu tun, und die tieferliegende Frage dahinter lautet: Ist ein Leader es würdig, dass man ihm glaubt? Du fragst dich jetzt vielleicht, warum dieser Punkt so wichtig ist. Aber ein Leader hat Einfluss auf andere, die ihm nicht nur glauben, sondern auch folgen. Verantwortungsvolles Handeln ist demnach unerlässlich. Denn insbesondere im MLM will niemand wie ein Zirkustier von einem Direktor gemanagt werden. Vielmehr geht es darum, dass du als Leader das Wohl deines Gegenübers immer im Blick hast.

Einige Leader gehen mit der Verantwortung, von der ich eingangs gesprochen habe, extrem fahrlässig um und suggerieren den Neueinsteigern in das Business, dass sie durch Network-Marketing schnell zu Geld und Erfolg kommen werden. Du kommst in diesem Geschäft zu Geld und Erfolg – aber eben nur, wenn du hart und klug dafür arbeitest. Es mag im ersten Moment leichter erscheinen, Menschen mit großen Versprechungen anzulocken. Doch werden diese Menschen nicht lange in deinem Team bleiben, weil sie mit völlig falschen Erwartungen angetreten sind. Bleibe aufrichtig und ehrlich – auch wenn es unbequem ist.

Leader sind wie Fische in einem Goldfischglas, sie stehen andauernd unter Beobachtung. Das liegt nicht allen! Viele Führungskräfte im MLM werden irgendwann stinkreich und vergessen darüber, wie es war, ganz unten anzufangen. Dabei steht hier komplett außer Frage, dass auch du stinkreich werden kannst – allein in meinem Umfeld kann ich dir ein Dutzend Millionäre aufzählen, die in unterschiedlichen Strukturvertrieben zu einem stattlichen Vermögen gekommen sind. Doch es ist wichtig, dabei die richtige Haltung einzunehmen und zu bewahren: Stets demütig auf das zu blicken, was man gemeinsam mit anderen aufgebaut hat. Das ist der Schlüssel zu langfristigem Erfolg!

Im alten Rom wurden die siegreichen Legionäre, bevor sie durch den Triumphbogen schritten, hinter dem die Bürger ihre Helden feierten, von einer ganz bestimmten Mahnung empfangen, denn Sklaven sprangen auf die Triumphwagen und murmelten unaufhörlich in die Ohren der Sieger: *Memento te hominem esse* – Bedenke, dass du auch nur ein Mensch bist. Diese Worte sollten die Helden stets an ihre Sterblichkeit und Fehlbarkeit erinnern. Die Ehrungen, die im MLM auf großen Bühnen stattfinden, ähneln oft solch triumphalen Festen. Sei du dir selbst die Person, die dir die mahnenden Worte immer wieder ins Bewusstsein holt. Denn die Jahre, die ich im Strukturvertrieb verbracht habe, haben mich Folgendes gelehrt: Wenn du dein Geld nur aufgrund des Ruhmes und des Reichtums aufbaust, wird eines Tages alles wie Glas in deinen Händen unter zu großem Druck zusammenbrechen.

Damit unter deiner Leadership Großes entstehen kann, beachte folgende Regeln:

1. Werde so gut, dass dich niemand mehr übersehen kann, anstatt dich aufzuspielen.
2. Reduziere deine Abhängigkeit von Ablenkungen. Es ist nur eine Gewohnheit, aber eine, die dich Aufmerksamkeit, Zeit und Energie kostet. Also ändere sie.
3. Deine beste Arbeit kommt niemals aus dem Intellekt, sondern immer aus dem Gefühl. Lerne, auf deine Intuition zu vertrauen.
4. Ein starkes Mindset ist wichtig, noch wichtiger aber ist ein starkes Heartset: Verlasse Menschen stets besser, als du sie vorgefunden hast, mache sie groß und siehe stets mehr in ihnen, als sie es selbst tun. Zeige ihnen genau diese Qualitäten auf.

5. Hüte dich vor der Arroganz des Erfolges, denn die Geschichte hat gezeigt: Auch Rom ging unter. Denke also stets an die mahnenden Sklaven.

Kümmere dich also nicht nur darum, dein Geschäft und dein Team wachsen zu lassen, sondern kümmere dich vor allem darum, dich selbst und deine Persönlichkeit durch tiefergehende Entwicklungsschritte weiter wachsen zu lassen. Denn: Die wirklich großen Geschäfte kommen niemals zu Menschen, die innerlich klein sind. Zudem interessiert sich die Welt nicht dafür, ob du gern reich sein möchtest. Die Welt interessiert sich dafür, ob du andere Menschen führen kannst – in Richtung Erfolg, Erfüllung und Zufriedenheit.

Wir alle haben beim Aufwachsen Prozesse durchlebt, die uns wie in eine Art Hypnose versetzt haben: Wir sind darauf konditioniert, uns immer und immer wieder anzupassen, um irgendwo hineinzupassen. Diese Prägung musst du auflösen! Denn ein Leader muss niemals passend sein oder sich anpassen. Ein Leader nimmt jede Situation an – und löst sie zu seinem Vorteil.

Ich weiß, dass es nicht immer so läuft. Und es ist kein Wunder, dass die Medien sich kritisch auf die Branche des Network-Marketings stürzen, so sehen sie doch häufig 22-Jährige, die noch mit Milchzähnen und Schwimmflügeln an gemieteten Ferraris lehnen, die polternd über den Aufbau eines zweiten Standbeins reden und die Menschen auffordern, sich ihrem Weg anzuschließen. Doch stellt sich mir die Frage: Von welchem Weg reden sie? Von ihrem Schulweg vermutlich.

Ja, es gibt diese Menschen und diese Unternehmen, die Statussymbole weit sichtbar vor Hotels positionieren und bei denen das Geld protzig im Mittelpunkt steht. Aber wie in jeder anderen Branche auch steht und fällt der wahre Erfolg mit den Menschen im System, denn dieses ist im MLM für alle gleich. Ich kann dennoch gut nachvollziehen, wenn Menschen allein schon aus diesem Grund nicht in den Strukturvertrieb einsteigen, da ihnen genau solche Personen zuwider sind. Insbesondere im deutschsprachigen Raum führt die einzigartige und aussichtsreiche Möglichkeit, die MLM bedeutet, ein Nischendasein, weil einige Wenige dafür sorgen, dass sich Vielen schon beim Gedanken an ein solches Umfeld die Nackenhaare aufstellen und sie dankend ablehnen.

Lass dich davon aber nicht entmutigen und zeige stets, dass es wichtig ist, niemals die Botschaft mit dem Botschafter zu verwechseln. Ich persönlich kann dir nur sagen, dass ich die besten Leader aller Zeiten erst in dieser Industrie habe kennenlernen dürfen: Menschen, die soziale Projekte fördern und sich für den Erfolg anderer starkmachen. Menschen, die mit Herz und Seele führen, die verstanden haben, dass es vor allem darum geht, stabile Beziehungen zu anderen aufzubauen. Dabei haben sie stets im Blick, dass es darum geht, im Leben des Gegenübers einen Unterschied zu bewirken, und nicht um eine Position oder Produkte.

Ein wahrer Leader ist nicht der mit den meisten Followern, sondern der, der wiederum die meisten Leader hervorbringt. Es ist eine Entscheidung, ein guter Leader zu werden und anderen Menschen zu dienen. Ich weiß, »dienen« ist ein großes Wort, das bei vielen Abwehrgefühle hervorruft. Doch meiner Meinung nach bedarf es einer Menge »Dienen«, um die höchsten Stufen eines Marketingplans zu erreichen. Bereits ganz am Anfang meiner Karriere im Network-Marketing hat mir eine schwedische Führungskraft dieses Prinzip – auch Servant Leadership genannt – vorgestellt. Dieser Mensch sagte damals zu mir: »Da du als Flugbegleiter gelernt hast, deine eigenen Bedürfnisse zurückzuschrauben und anderen zu dienen, wirst du es in dieser Industrie sehr weit bringen.« Er sollte Recht behalten. Dienende Leadership stellt die altbekannte pyramidal-hierarchisch aufgebaute Struktur, in der von oben jemand schreit und alle anderen gehorchen, auf den Kopf. Dienende Leadership bedeutet, die Pyramide umzudrehen, also die Basis nach oben zu heben und von unten dann zu stabilisieren. Auf diese Weise kannst du viele Menschen wachsen lassen.

Tiefgehende Informationen dazu findest du auch in meiner Keynote: CHANGE IT UP, die bereits millionenfach heruntergeladen wurde. Du findest sie hier:

www.tobias-beck.com/uyn-links

Hier habe ich außerdem noch eine persönliche Überraschung für dich:

Unter diesem Link findest du meine Ehrung zum Vizepräsidenten – damals die höchste Position in dem Unternehmen, in dem ich tätig war – aus dem Jahr 1995. Es gibt kaum eine Industrie, die harte Arbeit so anerkennt wie Network-Marketing. Ich zeige dir dieses Video nur, weil ich damals zig Jahre auf diesen Moment hingearbeitet habe und ich weiß, dass du das auch kannst!

www.tobias-beck.com/uyn-links

Wachstum

Das Wachstum deines Geschäfts wird von zwei Säulen gestützt, die immer wieder ausgeglichen werden müssen. Die eine Säule ist der Verkauf und die Vermarktung von Produkten oder Dienstleistungen. Die andere ist der Geschäftsaufbau. Eigentlich logisch, oder? Befolge dabei stets die Regel »Practice what you preach« – verkaufe und baue deine Organisation auf, jeden Tag, 365 Tage im Jahr. Dann werden andere es dir gleichtun.

An den Punkten, die ich dir nun aufzeige, erkennst du, was das auf praktischer Ebene bedeutet. Denn dies sind die fünf Aspekte, die alle guten Networker von morgens bis abends tun:

- verkaufen,
- die bestehende Struktur ausbauen und unterstützen,
- selbst neue Partner einschreiben und einarbeiten,
- anderen Anerkennung geben und selbst Incentives in der eigenen Struktur ausrufen,
- Strukturen und automatisches Lernen fördern (etwa durch Webinare und Ähnliches),
- in die eigene und die Ausbildung der Führungskräfte investieren.

Beide Säulen sind wie bei einem architektonischen Bauwerk gleich wichtig und bedingen einander. Der Aufbau deines Geschäfts ist daher untrennbar damit verknüpft, andere Menschen auszubilden und nach vorne zu bringen. Nicht nur, weil es automatisch dein Business stärkt, sondern auch, weil du alles haben kannst, was du möchtest, wenn du vielen Menschen wiederum dabei hilfst, das zu erreichen, was sie möchten. Das ist ein energetischer Flow auf verschiedenen Ebenen. Fange an, andere zu unterstützen und du wirst es erleben.

Lass uns jetzt darüber sprechen, wie du all das, was du kannst und wofür du dich begeisterst, auf andere Menschen übertragen kannst, damit sie das Gleiche tun – und somit dein Geschäft wachsen lassen. Duplikation ist im MLM deshalb so wichtig, weil du so deine Zeit und deine Arbeitskraft hebeln kannst. Wenn du die Basics, die du gelernt hast, gut an viele andere weitergibst, brauchst du selbst irgendwann nicht mehr überall dabei zu sein. Clever, oder? Und das hier sind wichtige Tools und Regeln für deine erfolgreiche Duplikation:

1. **Instagram:** Dort kannst du live dein Geschäft präsentieren und Menschen trainieren. Lass dich nicht davon abschrecken, anfangs vielleicht nur ein paar hundert Abonnenten oder noch weniger zu sehen. Unterschätze niemals die Kraft einer Community, die dir wirklich treu ist – sei sie noch so klein. Mit der Zeit werden es mehr werden und dein Geschäft wird immer weiter an Fahrt gewinnen.
2. **Zoom:** Dieser digitale Raum ermöglicht es dir, dein Team und bis zu tausend Menschen online live zu trainieren und neue Präsentationen vorzubereiten.

Die KISS-Formel:

Keep it short and simple! Halte dein Geschäft und deine Präsentationen einfach. Denn diejenigen, die sich selbst gern reden hören, sind erfahrungsgemäß auch diejenigen, die ziemlich schnell erfolglos wieder aussteigen.

KISS steht zudem für:

- **K**ONTAKT
- **I**NFORMATION
- **S**TART
- **S**CHULUNG

Du durchläufst dies immer wieder und gibst diesen Kreislauf an die Neuen weiter:

- Du nimmst Kontakt zu einer Person auf.
- Du gibst der Person alle Informationen.
- Du hilfst der Person beim Start.
- Du schulst diese Person.

Du beginnst diesen Kreislauf von vorne und machst das immer wieder.

1. **Persönlichkeitsentwicklung:** Mindestens die Hälfte deines Erfolges im MLM hängt von deiner Persönlichkeit, deiner inneren Stärke und deiner Wirkung auf Menschen ab. Deswegen habe ich immer darauf geachtet, dass mein gesamtes Team in seine Persönlichkeitsentwicklung investiert. Ich habe Buchtitel empfohlen und Seminare herausgesucht, die wir gemeinsam besucht haben, um stetig zu lernen und gemeinsam zu wachsen.
2. **Persönliche Beziehungen:** Zu meiner Zeit im Network-Marketing hat der Kilometerstand meines Autos Auskunft über den Stellenwert meiner persönlichen Beziehungen gegeben. Ich bin zehntausende Kilometer gefahren, um Menschen persönlich zu treffen und zu sprechen. Denn ein starkes Netzwerk lebt von echten und gesunden Beziehungen.

Insbesondere auf den letzten Punkt möchte ich an dieser Stelle näher eingehen. Um dein Beziehungsnetzwerk aufzubauen und zu stärken, stelle dir kontinuierlich die Frage, was du für andere tun kannst – nicht umgekehrt. Die meisten Menschen – mich früher eingeschlossen – streben insbesondere nach der Erfüllung zweier Bedürfnisse: dem nach Einzigartigkeit und Selbstverwirklichung sowie dem nach Sicherheit. Doch was kostet sie das? Sie verlieren auf ihrem Weg Menschen und verhindern oftmals echte, tiefe Verbindungen.

Erkennst du dich darin wieder? Verurteile dich nicht dafür, aufgrund ihrer Prägung können die meisten Menschen zunächst einmal gar nichts dafür. Doch ab sofort kannst du etwas dafür, wenn es so bleibt, weil du es nun besser weißt. Deine Top 2, um dein Leben – und das vieler anderer – auf die nächste Ebene zu bringen, lauten von jetzt an: Geben und Liebe.

Übung:

Stell dir im ersten Schritt einmal vor, wie sich dein Leben verändern würde, wenn es ab sofort die Überschrift »Geben und Liebe« tragen würde. Lass Bilder davon vor deinem inneren Auge entstehen und beobachte die Gefühle, die dabei in dir aufsteigen. Intensiviere diese Gefühle in dir und verankere sie so in deinem Unterbewusstsein. Strebe jeden Tag danach, ein wenig mehr zu geben und ein wenig mehr zu lieben – beides sind Verben: Du musst aktiv sein und es tun, und ich verspreche dir, alles in deinem Leben wird sich zum Positiven verändern, auch in deinem Business.

Die Berücksichtigung der folgenden »Goldenen Regeln des MLM« wird dich außerdem in deinem Wachstum unterstützen:

- Gib niemals Geld aus, das du noch nicht besitzt.
- Niemals hoffen, immer machen.
- Höre niemals darauf, was Menschen dir erzählen. Achte nur auf die Zahlen, denn sie sprechen die Wahrheit.
- Lerne, deine Enttäuschungen zu disziplinieren, aus ihnen zu lernen, statt dich von ihnen steuern zu lassen.
- Sei immer perfekt informiert.
- Hebe niemals ab, egal, wie erfolgreich du bist.
- Sei erreichbar und antworte immer innerhalb von zwölf Stunden.
- Stelle am Ende jedes Telefonats diese drei Fragen: Wie fühlst du dich? Gibt es etwas, das ich für dich tun kann? Kann ich dich bei irgendetwas unterstützen?

Der ideale Partner

Wahrscheinlich hast du dich inzwischen gefragt, wer denn der ideale Kandidat für dein neues Business sein könnte. Darauf gibt es eine leichte Antwort: Es sind dieselben Menschen, mit denen du ein Start-up gründen würdest, also die Besten der Besten! Ich habe in über zwei Jahrzehnten, in denen ich entweder selbst rekrutiert oder andere Organisationen beraten habe, ein Muster erkannt, das dir beim Aufbau eines stabilen Netzwerks helfen kann. Natürlich gibt es immer Ausnahmen und gleichzeitig ist mir in unzähligen Gesprächen Folgendes aufgefallen: Besonders erfolgreich sind meist Menschen mit Einfluss, einer großen Portion Herzlichkeit, Begeisterungsfähigkeit und Sympathie. Weitere Charakteristika sind Glaubwürdigkeit, Respekt und Ehrlichkeit.

Hinzu kommt, dass Menschen in ihrem Leben oft ähnlichen Mustern folgen, und ich hoffe, es ist in Ordnung, wenn ich hier ganz offen mit dir rede: Die Chance, dass jemand, der schon einmal in einem anderen Bereich erfolgreich war, auch in dieser Branche etwas zustande bringt, ist höher als bei jemandem, der noch niemals in seinem Leben erfolgreich war. Es spielt dabei keine Rolle, in welchem Bereich, wichtig ist nur, dass die Personen Durchsetzungsvermögen besitzen. Polizisten, Zollbeamte, Feuerwehrleute, Mitarbeiter des Militärs eignen sich ebenfalls gut, da sie schon vorab geschliffen wurden und nicht so schnell aufgeben. Sportler bringen oft den nötigen Ehrgeiz mit und Handwerker sind gute Kandidaten, da sie wissen, wie lange es dauert, Meister ihres Faches zu werden.

Am besten eignen sich jedoch Menschen als Partner, die schon einmal durch das Tal der Tränen gegangen sind. Was ich damit meine? Alle, die es schon einmal geschafft haben, aus einer tiefen Schicksalsschlucht wieder emporzusteigen, wissen, dass die Zeit der Krise auch wieder vorübergeht. Diese Menschen lassen sich nicht vom kleinsten Gegenwind umwerfen. Gibt es also einen idealen Kandidaten? Nein, aber Menschen, die sich schon vor dem Eintritt in dein Geschäft einen Namen gemacht haben, die Einfluss haben und schon einmal geschäftlich tätig waren, tun sich garantiert eine Ecke leichter mit dem Erfolg.

Das Gleichnis vom Bauern und der Saat hilft dir an dieser Stelle eventuell, um zu verstehen, wie es sich mit der Rekrutierung neuer Partner für dein MLM verhält. Denn es ist dabei wie bei einem Bauern: Dieser bringt jährlich die Saat aus und hofft auf eine reiche Ernte. Alle Saatkörner fallen auf den gleichen Acker, haben anscheinend die gleiche Chance, aber einige werden direkt von den Vögeln geholt, einige gehen nur leicht in die Erde, werden dort von einem Dorn durchbohrt, sodass sie nicht gut wachsen und sich entwickeln können. Wieder andere fallen auf Steine – wie bei uns Menschen ist das alles Teil des Umfelds. Dann gibt es einige, die lassen sich nicht beirren. Sie wissen, dass es raue Zeiten geben wird: Sturm, Kälte, Anstrengung. Und irgendwann kommt ein zartes Pflänzchen heraus – die erste Stufe im Vergütungsplan. Dann wächst die Pflanze, wird größer und stärker, bis sie schließlich kaum mehr zerstört werden kann. So ist es auch beim Recruitment im MLM.

Teamaufbau

Ich möchte dieses Kapitel mit meiner persönlichen Erfahrung aus einem Berufszweig beginnen, von dem du eventuell zunächst denkst, er könnte inhaltlich gar nicht weiter vom Network-Marketing entfernt sein. Ich erwähnte bereits, dass ich bei der Lufthansa als Flugbegleiter angestellt war, und zwar immerhin mehr als 24 Jahre, auch wenn ich zum Ende hin längst nicht mehr so häufig wie früher flog. Während meiner hauptberuflichen Zeit dort habe ich mich zum Purser hochgearbeitet. Das ist der ranghöchste Flugbegleiter mit Leitungsfunktion an Bord des Flugzeugs. Als solcher habe ich gelernt, zu dienen – und zwar nicht nur den Fluggästen, sondern insbesondere auch meinem Team.

Ich habe gelernt, mich und meine Bedürfnisse zurückzunehmen, mich stattdessen um die Menschen, für die ich verantwortlich bin, zu kümmern. Und darin geht es letztlich auch im MLM: Verantwortung übernehmen und deinem Team dienen.

Die Erfahrungen, die ich in dieser Zeit meines Lebens gewonnen habe, möchte ich dir in einem Verhaltenskodex mit auf den Weg geben, der dir beim Aufbau und Stärken deines Teams dienlich sein wird. Beherzige ihn für dich, deine Arbeit und dein Leben. Überprüfe dein Handeln täglich auf diese Punkte:

Der Purser-Code

Du trägst die Verantwortung für das ganze Team.
Du bereitest alles akribisch genau vor.
Du briefst alle anderen im Team.
Dein Auftreten und deine Wortwahl dienen allen anderen als Vorbild.
Den Löwenanteil der Arbeit leistest du.
Du isst erst, wenn alle anderen bereits versorgt sind.
Bei Problemen springst du ein.
Du förderst deine Teammitglieder.
Du bist ein Macher und lebst eine »Hands on«-Mentalität vor.
Du kennst dich am Zielort aus.
Du bist immer bestens informiert.
Du legst dich als Letzter zum Schlafen hin.
Du übernimmst immer zu hundert Prozent die Verantwortung.

Jetzt weißt du auch, warum ich im vorherigen Abschnitt viel über Verantwortung geschrieben habe: »Ich übernehme Verantwortung« ist einer der Leitsätze meines Lebens. Das bedeutet, ich übernehme Verantwortung für mich und mein Wachstum. Es ist wie im Flugzeug, wenn es während des Sicherheitsprogramms heißt: »Legen Sie zuerst sich die Sauerstoffmaske an, bevor Sie anderen helfen.« Denn nur dann, wenn du selbst atmen kannst, bist du dazu imstande, anderen beizustehen. Verantwortung betrifft für mich und mein Business auch insbesondere die folgenden Bereiche: Ich trage die Verantwortung …

- für den Spaß und die Freude in meinem gesamten Team.
- dafür, meine Fähigkeiten an andere weiterzugeben.
- dafür, dass alle im Team die notwendigen Informationen haben.
- für die Entwicklung meines Teams.
- dafür, dass alle Gewinne gebührend gefeiert werden.
- dafür, dass alles, was ich tue, dupliziert werden kann.

Doch wie baust du nun dein Team auf? Eigentlich ist die Formel dafür recht einfach: Du lädst Menschen ein, du präsentierst dein Geschäft, du fasst noch einmal nach und dann bildest du aus. Das ist zwar einfach, aber nicht immer leicht.

Denke also an die verdorrten Blumen: Es ist müßig, als Biene zu erwarten, dass du sie anfliegst und sie dir die Substanz geben, die Honig bringt. Wann der richtige Zeitpunkt gekommen ist, jemanden in dein Team zu holen oder wann du besser die Finger davonlässt, zeigt dir die Geschichte vom alten Mann mit seinem Hund: Stell dir vor, du siehst während deines Spaziergangs durch einen Park auf einer schönen Bank einen alten Mann. Vor ihm auf der Erde sitzt sein Hund. Das Tier winselt und jammert und fiept und jault. Ganz offensichtlich stimmt hier etwas nicht. Du fragst den Mann, was denn los sei mit dem Tier. Er antwortet: »Er sitzt auf einem Nagel …« Verwundert fragst du zurück: »Und warum steht er nicht einfach auf?« Darauf erwidert der alte Mann: »Weil der Nagel noch nicht tief genug in der Wunde steckt.«

Klingt bizarr? Genau so ist es in Tausenden und Abertausenden Leben: Die Menschen jammern und klagen, doch ist der Schmerz noch nicht groß genug, um in die Veränderung zu gehen. Wenn du den Schmerz allerdings wahrnimmst, kannst du dein Produkt präsentieren und die darin verborgenen Chancen. Gemeinsam könnt ihr dann immer mehr Menschen von ihrem schmerzenden Nagel befreien.

Zunächst darfst du allerdings zwischen Kunden und Partnern unterscheiden – oder eben zwischen denjenigen, die entweder Kunde oder Partner werden könnten. Denn es ergibt wenig Sinn, deine Zeit und deine Energie in Menschen zu investieren, die nicht in dein Geschäft einsteigen werden. Doch woran erkennst du nun einen potenziellen Partner? Präsentiere dein Geschäft und dein Produkt. All jene, die sagen, »Business ist nichts für mich« sind deine Kunden, die Übrigen machst du zu deinen Partnern. Erinnere dich daran: Wenn du begeistert von deinem Produkt bist, brauchst du vor dessen Präsentation keine Scheu haben. Entscheide dich also nicht einfach nur für irgendein Network, sondern für das, was dich begeistert und dein Herz höherschlagen lässt. Nur so kannst du aus tiefstem Herzen heraus authentisch und überzeugend wirken.

Doch neben deiner Begeisterung und deinem Wissen über dein Produkt und dein Unternehmen brauchst du vor allem eines, um überzeugend sein zu können: Du musst gut vorbereitet sein. Stelle dir dafür drei Fragen:

- Wem kann ich das Geschäft präsentieren?
- Wie kann ich das Geschäft präsentieren?
- Wie kann ich mich in die Stimmung versetzen, um mein Wissen und meine Begeisterung adäquat zu transportieren?

Ich sehe immer wieder, dass Menschen beim Teamaufbau versuchen, die einfachen Wege zu gehen. Doch wird das meiste davon nicht funktionieren. Es wird die Menschen eher nerven und auf Distanz gehen lassen. Schicke niemandem über Social Media wahllos Text- oder Sprachnachrichten, den du als Partner gewinnen möchtest. Nicht über irgendein soziales Netzwerk und einen Kurzmitteilungsdienst. Ja, das ist schnell gemacht, bringt aber keine Resultate.

Das Wichtigste sind persönliche Gespräche und Telefonate – am besten mit Videofunktion. Dann kannst du all deine Begeisterung sich entfalten lassen. Das Schlimmste, was du tun kannst, ist wildfremden Menschen Nachrichten mit deiner Geschäftsidee zu schicken. Dennoch kannst du Social Media auf lukrative Art & Weise nutzen – dazu später mehr. Bau dir mit deiner Persönlichkeit und deinem Wissen ein stabiles Netzwerk auf, werde zum Menschenmagneten, zum Leader und zur Führungskraft, dann musst du dir nie wieder Gedanken darüber machen, wie du dein Team weiter ausbauen kannst. Vielleicht rumort es jetzt in dir und du wünschst dir einen kürzeren und einfacheren Weg. Das kann ich verstehen, doch die Wahrheit ist: Es gibt keinen. Du bist der Weg! Investiere in dich und deine Fähigkeiten, mit Menschen umzugehen und dich zu präsentieren, und dann pflege deine Beziehungen – das ist deine Abkürzung.

Wenn es um den richtigen Moment geht, jemandem dein Geschäft zu präsentieren, denke noch einmal an die Geschichte mit dem alten Mann und seinem Hund: Diejenigen, die du für dich gewinnen möchtest, müssen an dem Punkt sein, an dem sie offen sind für den Schritt in die Veränderung. In der Regel kommen viele Menschen durch Schmerz dorthin, einige aber auch durch Lust darauf und Freude darüber, etwas Neues zu beginnen. Ich erkläre dir nun drei Phasen, die dir helfen können, zu erkennen, wo dein Gegenüber gerade steht und ob es bereit für den nächsten Schritt ist.

1. **Verdrängungsphase:** Die eigene Situation wird als sicher und komfortabel wahrgenommen, obwohl unter der Oberfläche bereits ein hohes Maß an Unzufriedenheit schwelt. Menschen in dieser Phase werden sich über das Geschäftsmodell des Network-Marketings lustig ma-

chen. Das ist ein einfacher Mechanismus, um sich von Unbekanntem und von der eigenen Misere zu distanzieren.

2. **Schuldzuweisungsphase:** Menschen in dieser Phase weisen jegliche Verantwortung für ihre Lebenssituation von sich. Stattdessen geben sie beispielsweise der Regierung, den Politikern, ihrem Arbeitgeber oder der Wirtschaft die Schuld an ihrem eigenen Leben.
3. **Resignation oder Aufbruch:** Viele Menschen müssen sich nur lange genug selbst erzählen, dass ihre Situation ausweglos sei, dann werden sie dies als Wahrheit annehmen und sich in ihrer Opferrolle einrichten. Einige Menschen hingegen beginnen, sich nach Veränderungsmöglichkeiten umzusehen und nach etwas Neuem zu suchen.

Es ist offensichtlich, dass die beiden ersten Phasen nicht besonders geeignet sind, um Menschen für dein Business zu gewinnen. Entscheidend ist jedoch, was nach den ersten beiden Phasen kommt. Denn darauf folgen entweder Resignation oder Aufbruch – und Aufbruch ist die Stimmung, in der du potenzielle Partner antreffen musst, um mit ihnen erfolgversprechende Gespräche zu führen.

Es gibt einen großen Fehler, den viele begehen, die ins Network-Marketing einsteigen: Sie wollen von Anfang an alles allein machen. Sie wollen allein präsentieren und halten ihren noch geringen Erfahrungsschatz für groß genug, um andere zu überzeugen. Sei an diesem Punkt clever und nutze die Macht der dritten Person. Nimm den Menschen, der dich von seinem Business überzeugt hat, mit in dein Umfeld und lass ihn für dich sprechen und präsentieren. Ich nenne das auch den Dalai-Lama-Effekt, weil eine höhere Autorität viel überzeugender ist, als wir selbst es sein können. Weil der Mensch, der dich in sein Netzwerk geholt hat, ein begründetes Interesse an deinem Erfolg hat, wird er dich unterstützen und deinen Freunden von den Erfolgen eures Unternehmens berichten. Du wirst später genau das für die Menschen tun, die du erfolgreich machen willst. Denn so unterstützt ihr euch gegenseitig und werdet eine unaufhaltsame Einheit.

Ich möchte dir außerdem noch drei Punkte mitgeben, die ich mir selbst in meinem MLM zur Pflicht gemacht habe und die maßgeblich zu meinem Erfolg beigetragen haben:

1. Niemand durfte in mein Geschäft einsteigen, ohne sich gleichzeitig verbindlich mit Termin dafür zu entscheiden, direkt nach seinem Start mit mir zur nächsten internationalen Convention zu fliegen. Das war meine Bedingung. Denn dort war das große Ganze sichtbar und diese Bedingung hat stets dazu beigetragen, dass die Menschen über Jahre hinweg für ihr Unternehmen brennen. Selbstverständlich werden dazu nicht alle deine Gesprächspartner bereit sein – prima, die kannst du direkt aussortieren und dich auf diejenigen konzentrieren, die mindestens genauso groß träumen wie du.
2. Wie wichtig das persönliche Gespräch ist, habe ich dir bereits verdeutlicht. Doch du sollst darin nicht nur von dir erzählen. Wenn jemand Interesse an deinem Geschäft hat, stelle Fragen. So erkennst du nicht nur schneller, welcher Menschentyp vor dir steht, sondern du erfährst auch deren Motive, warum sie in eine Selbstständigkeit im Network einsteigen wollen. Bei vielen ist das ein Zeit- oder Geldmangel, den sie durch ihren bisherigen Job erleben, oder die Tatsache, dass sie große Ziele haben, die an ihrem aktuellen Arbeitsplatz unerreichbar sind. Einige stehen jedoch auch unter Druck, den ihre Familien und Freunde auf sie legen, etwas Größeres in ihrem Leben zu erreichen. Je besser du die Motive deines potenziellen Partners kennst, desto zielgenauer kannst du präsentieren.
3. Wenn du dann dein Geschäft präsentiert hast, ist ein Punkt mindestens genauso wichtig wie die gesamte Vorarbeit: das Nachfassen. Suche erneut das Gespräch

mit Menschen, mit denen du über dein Geschäft gesprochen hast und frage nach, wo sie jetzt stehen und ob sie bereit für die nächsten Schritte sind. Ich wette mit dir, wenn du bereits im MLM unterwegs bist, gibt es in deinem Umfeld einige dieser Menschen. Liste nun die Namen aller auf, mit denen du bereits über dein Business gesprochen hast, danach aber nicht nachgefasst hast. Jetzt ist der Zeitpunkt, erneut ins Gespräch zu gehen.

Es geht auch sexy: Wie du mit Leichtigkeit über Social Media dein erfolgreiches Team rekrutierst

»Tobi, wo finde ich passende Persönlichkeiten für mein Network?« Diese Frage stellen sich viele. Möglichkeiten lauern überall, du musst sie nur erkennen und offen für Veränderungen sein. Während meiner Zeit in der Branche waren soziale Netzwerke noch nebensächlich. Um Resultate zu erzielen, wurde stattdessen telefoniert und persönlich gesprochen. Auch heute ist das noch der wichtigste Schritt, um dein Team aufzubauen. Aber: Social Media bietet dir die Chance, Interessenten magisch anzuziehen, um sie anschließend zu einem Gespräch einzuladen.

Schätzungsweise nutzen weltweit täglich ca. 4,6 Milliarden Menschen soziale Netzwerke.

Versuche dir diese riesige Menschenmenge einmal vorzustellen! Zum Vergleich: Auf der Erde leben insgesamt ca. 7,96 Milliarden Individuen – den Großteil der Menschheit kannst du also über Social Media erreichen. Wer dieses Potenzial ungenutzt lässt, ist selbst schuld.

Doch Vorsicht: Mach es anders und cleverer als die Masse. Viele nutzen diese Chance, wissen aber nicht, was sie da eigentlich tun. Wie schon erwähnt: Wahllos fremde Accounts anzuschreiben ist nicht die Lösung! Die Folge: Es wirkt aufdringlich, du schadest dem Ruf der Branche und nervst dein Gegenüber. Diese Vorgehensweise ist weder sexy noch erfolgreich, also lass es.

Ich erhalte regelmäßige Anfragen in meinem Postfach, bei denen ich mich frage: Was habe ich davon? 0 Resultate, 0 Mehrwert, 0 proof of concept, aber 100 Forderungen. So kannst du niemanden überzeugen.

Ich zeige es dir an einem Beispiel, das du vielleicht kennst: »Hallo, du folgst ja auch Tobias Beck und interessierst dich für Persönlichkeitsentwicklung. Ich würde gerne …« Unsexy, am besten löschen und blockieren – da sind wir uns hoffentlich einig.

Doch es geht auch anders. Davon überzeugte mich Phil – Freund, Nachbar und ein absoluter Network Marketing Professional mit dem Herzen am rechten Fleck. Sein Erfolg ist der beste Beweis dafür, dass du auf Social Media die richtigen Persönlichkeiten erreichen kannst. Über mehrere Jahre hat er die perfekte Methode entwickelt, um online mit Leichtigkeit zu rekrutieren. 80 Prozent seines Erfolges beruhen darauf und auch sein Team hat mit seinem Erfolgsrezept gearbeitet.

Stell dir vor, du lebst dein Network zu 100 Prozent und trägst das auf Social Media nach außen, um andere zu inspirieren. Du gibst immer wieder Mehrwert, teilst Tipps und lässt andere an deinem Lifestyle teilhaben. Interessenten ziehst du magisch an, sie kommen auf dich zu und folgen dir. Jetzt hast du die Möglichkeit, sie täglich zu begeistern und mit ihnen zu interagieren. Du gehst in den Austausch und wählst deine Leute nach dem Motto »Qualität vor Quantität“. Außerdem ist deine Zielgruppe online und du kannst im gleichen Zug neue Kunden gewinnen sowie Vertrauen aufbauen. Dank dir und deinem Team geht das Business durch die Decke – extrem sexy, oder? Das muss kein Wunschtraum sein, wenn du es richtig angehst. Zu deinem Glück hat Phil mir seine Methode verraten, sodass ich sie heute an dich weitergeben kann. Doch vorher schauen wir uns einmal an, was du auf keinen Fall machen solltest:

NO-GOS:

- Wenn keine Antwort kommt, mehrmals nachhaken. Du kannst einmal freundlich nachfragen, aber mehr nicht.
- Wahllos irgendwelchen Menschen ellenlange Texte schicken, ohne dass du vorher interagiert hast.
- Wochenlang schreiben, bevor du auf dein Angebot zu sprechen kommst.
- Kein Nein akzeptieren oder aufdringlich sein.
- Quantität vor Qualität: Dir ist es egal, wen du dir in dein Team holst.
- Follower von anderen abgreifen und sie wahllos anschreiben.
- Mehr Schein als Sein: Du bist selbst nicht überzeugt und tust nur so.

Vergiss nicht: Du musst an deine Firma und deine Produkte glauben. Auch online merken die Menschen es, sobald du nicht ehrlich bist. Wenn du es schaffst, deine Begeisterung authentisch zu transportieren, steckst du andere damit an. Du bist dein bestes Marketingwerkzeug! Bevor du in die Umsetzung gehst und die Methode anwendest, solltest du dir ein gepflegtes und authentisches Social-Media-Profil aufbauen. Danach kannst du loslegen.

Phils Erfolgsrezept, um Social Media bestmöglich für den Teamaufbau zu nutzen:

Zielgruppe definieren: Welche Persönlichkeiten willst du in deinem Team? Welche Probleme haben sie und was wünschen sie sich? Fragen wie diese sind essenziell, damit du die richtigen Leute anziehst. In den meisten Fällen ist deine Zielgruppe wie du. Was hat Network Marketing für dich verändert? Darüber kannst du sprechen.

Lerne deine Zielgruppe kennen: Folge Menschen, die zu deinem Team passen und interagiere mit ihren Profilen: Kommentiere, like, reagiere auf Storys. So machst du auf dich aufmerksam und die Person schaut sich dein Profil an.

Interaktion ist der Schlüssel zum Erfolg: Poste regelmäßig Content, mache Storys, sprich über dein Network und nutze Umfragen. Kurz gesagt: Gehe in den Austausch! Ein Beispiel für eine Umfrage:

Was willst du in drei Jahren erreichen, wenn alles möglich ist?

1. Finanzielle Freiheit
2. Die Möglichkeit, dauerhaft zu reisen
3. In einem starken Team etwas bewegen
4. Maximales persönliches Wachstum

Übersetze das Beispiel passend zu dir und deinem Business. Nach der Umfrage schaust du dir an, wer abgestimmt hat, und schreibst die passenden Profile an. Dein Vorteil: Du weißt jetzt genau, was dein Gegenüber für Wünsche hat und kannst gezielt darauf eingehen. Wie können sie mit deinem Network ihre Ziele erreichen?

Auf dein Angebot aufmerksam machen: Du willst, dass deine Wunschzielgruppe direkt auf dich zukommt? Neben deinem Lifestyle darfst du auch dein Angebot platzieren und es auf Social Media sichtbar machen. Poste beispielsweise regelmäßig einen Flyer mit allen wichtigen Infos in deine Story. Setze einen Call to Action: Klingt das interessant für dich? Dann schreib mir gerne eine persönliche Nachricht.

Kontakt aufnehmen: Das Geheimnis ist also, dass du nicht wahllos DMs verschickst, sondern gezielt mit deiner Zielgruppe in den Austausch gehst. Bevor du direkten Kontakt aufnimmst, ist immer etwas passiert. Die Person hat mit dir interagiert und kennt dein Profil bereits. Erst dann fängst du an, Privatnachrichten zu schreiben und ein Gespräch anzubieten. Der Vorteil: Du weißt schon, welche Wünsche und Probleme dein Gegenüber hat, und kennst die Lösung dafür. Außerdem kannst du dir ziemlich sicher sein, dass sie zu deinem Team passt und die gleichen Ziele hat.

Vertrauensaufbau: Natürlich wird es Menschen geben, die dankend ablehnen. Vielleicht ist gerade auch einfach nicht der richtige Zeitpunkt für sie gekommen oder der Schmerz sitzt nicht tief genug, um eine Veränderung notwendig zu machen. Einige von ihnen bleiben trotzdem Follower, sehen deine Inhalte und interagieren mit dir. Selbst nach Jahren kann es vorkommen, dass aus einem Nein ein Ja wird. Plötzlich ist der Wille da, denn die Person ist persönlich gewachsen und will nun ein Teil deines Networks werden.

Mit dieser Methode wurden herausragende Umsätze generiert und starke Teams aufgebaut. Also sei wie Phil und nutze Social Media clever!

Wie du siehst: Am Ende ist immer das persönliche Gespräch das Ziel. Das ist nicht zu ersetzen! Du interagierst direkt mit deiner Zielgruppe, lernst sie kennen, machst auf dich aufmerksam, verkörperst dein Business und gehst regelmäßig in den Austausch. So hast du direkt die richtigen und interessierten Menschen am Hörer oder im Online-Meeting.

Vor vielen Jahren spielte Social Media noch keine große Rolle, heute kannst du damit Millionen machen. Alles ist ständig in Bewegung. Deshalb ist es im Network Marketing wichtig, dass du immer up to date bleibst. Was heute gilt, kann sich morgen schon verändern. Verpasse niemals die Chancen, die sich dir bieten. Wir sind in einer neuen Zeit angekommen, denn soziale Netzwerke sind präsenter denn je. Millionen Menschen scrollen jetzt gerade durch ihren Feed auf der Suche nach Inspiration. Sie tragen Wünsche wie finanzielle Freiheit oder einen Plan B in sich. Zukünftig stoppen sie bei deinem Profil, weil du sie innerhalb von Sekunden neugierig gemacht hast. Du hast es selbst in der Hand!

Events

In diesem Buch hast du bereits einige Geschichten von und über Events gelesen. Berührende Geschichten, die zu meinem Erfolg im MLM beigetragen haben. Ich hätte hier nicht das erreicht, was ich erreicht habe, wenn ich nicht so viele Events besucht hätte – und vor allem nicht, wenn ich nicht so viele Menschen mit dorthin genommen hätte. Dass du alle regionalen Events deines Unternehmens besuchst, ist hoffentlich selbstverständlich. Doch solltest du unbedingt auch bei möglichst vielen Großveranstaltungen dabei sein.

Bei großen Events siehst und spürst du, wie viele Menschen an einer gemeinsamen Vision arbeiten. Du stärkst so automatisch deine Core Beliefs und verbindest dich problemlos mit anderen Menschen. Ich kann gar nicht oft genug betonen, wie wichtig gute und ehrlich gemeinte Beziehungen für deinen Erfolg im Network-Marketing sind. Wenn du das Gefühl hast, dass es dir in irgendeiner Ebene schwerfällt, wirklich starke und tiefe Beziehungen einzugehen, möchte ich dir meinen Bestseller *Unbox Your Relationship* und den dazugehörigen Onlinekurs ans Herz legen. Du erfährst darin alles über echte Verbindungen, die ein Leben lang tragen.

Bei Events begrüßen sich alle wie Freunde. Die positive Stimmung und der wertschätzende Umgang miteinander wirkt am Anfang auf viele fast befremdlich, da dies so weit von der Realität der meisten Angestellten und Selbstständigen entfernt ist. Wenn bei Events die Sprecher nach vorne kommen, stehen alle Teilnehmer auf und applaudieren. Die Stimmung ist immer außergewöhnlich gut, es läuft Musik und die Teilnehmer tanzen und lachen viel. In unserer Gesellschaft ist das so ungewöhnlich geworden, dass einige damit zunächst ihre Probleme haben – mir ging es da nicht anders –, in der Regel aber schnell feststellen, wie gut ihnen diese Energie selbst tut.

Wer also in einer Umgebung ohne Ellbogenmentalität und mit gegenseitiger Unterstützung arbeiten möchte, ist im MLM genau richtig. Insbesondere die Wertschätzung und die Anerkennung für Leistung machen diese Industrie außergewöhnlich. Es ist ein wenig wie bei Eltern mit ihrem Kind: Im Network-Marketing feiert man jeden kleinen Erfolg. Hinfallen und wieder aufstehen gehört ebenso dazu wie gegenseitiges Zuhören, das Aussprechen von Ermutigungen und sich gegenseitig zu sagen, dass man es schaffe, sowie sich letztlich an die Hand zu nehmen und gemeinsam loszugehen. Diese Verbindungen und diese Atmosphäre werden während den Events gestärkt.

Du lernst außerdem viel, du hörst motivierende Speaker und kannst dich von der Atmosphäre weiter Richtung Erfolg tragen lassen. Auf großen Events werden Leader geboren und unaufhaltsame Teams geschmiedet. Du erhältst Insiderwissen und kannst dich direkt von deinen Vorbildern im Unternehmen motivieren lassen und deinen Glauben in dein Geschäft stärken. Ihre volle Wirkungskraft entfalten Events jedoch, wenn du sie mit möglichst vielen Menschen gemeinsam besuchst. Denn dann kannst du den Einfluss dieser Veranstaltungen auf die Menschen, die du mitgebracht hast, für dich nutzen und arbeiten lassen. Du hast bereits von meiner Bedingung gelesen, für den Einstieg direkt verbindlich ein Ticket für ein Event zu kaufen. Ich habe das Ganze für mich in die Hand genommen, habe organisiert und schließlich Menschen in Reisebussen zu Veranstaltungen gebracht. Dieses Vorgehen hat mir nicht nur Auszeichnungen eingebracht, sondern mein Team und mich so erfolgreich gemacht, dass ich Vizepräsident wurde.

Wenn mein Team und ich an Events teilgenommen haben, haben wir großen Wert auf Kleinigkeiten gelegt. Wir haben ein Spiel daraus gemacht und beispielsweise gezeigt, dass wir zusammengehören, indem wir entsprechende T-Shirts trugen – sei kreativ, dann wirst du mit deinem Team viel überzeugender sein. Aus genau diesen Gründen musst du dich darauf fokussieren, Events zu promoten, denn die Atmosphäre, die du dort erleben kannst, verändert Menschen und kann niemals über Online-Events oder

Wohnzimmerpartys vermittelt werden. Wie sehr ich mich darauf konzentriert habe, Menschen zu Events zu bringen, kann dir vermutlich heute noch der etwa 1,53 Meter große Einsatzleiter der Feuerwehr im niedersächsischen Rotenburg versichern. Der stand nämlich völlig entgeistert vor mir, als die Stadt Katastrophenalarm ausrufen musste, weil dank meines Einsatzes zig Reisebusse vor der dortigen Halle anhielten.

Auf einem besonders eindrucksvollen Event habe ich 2008 eine Energie gespürt, die mich allein in den drei Monaten danach so produktiv hat werden lassen wie in den gesamten zwei Jahren zuvor. Ich habe dabei erlebt, dass ein einziger Mensch, der glaubt, stärker ist als 99 andere, die nur Interesse haben. Ich habe dort eine der besten Reden der Welt gehört, die ich dir an dieser Stelle aus meiner Erinnerung wiedergeben möchte:

> »Wie viele von euch haben das Gefühl, dass der heutige Tag etwas ganz Besonderes war? Ihr habt eine größere Vision bekommen und erfahren, worum es in eurem Leben wirklich geht: Es geht darum, Menschen aufzubauen. Hat sich euer Glaube an euch selbst vergrößert? Ich hoffe, ihr habt gelernt, an uns zu glauben, denn das ist der Schlüssel zum Erfolg. Nur ein 99-prozentiger Glaube wird euch nicht zum Ziel führen. Glaube ist ein großes Wort und ihr steht im Leben heute dort, wo euer Glaube euch in der Vergangenheit hingeführt hat. Wie viele von euch haben heute nach langer Zeit wieder angefangen, ein wenig größer zu träumen als in der Vergangenheit? Ich glaube an euren Erfolg und den eurer Familien, aber nur wenn eure Träume groß genug sind und ihr ihnen kein Verfallsdatum gegeben habt.
>
> Die meisten Menschen, die zu einer Veranstaltung kommen, sind begeistert. Viele Menschen sind für eine oder zwei Wochen begeistert. Manche bleiben für einen oder zwei Monate begeistert. Einige wenige bleiben für ein bis zwei Jahre begeistert. Ein Gewinner aber ist so lange begeis-

tert, wie es eben bis zum Sieg dauert. Ihr werdet so groß werden, wie eure Träume es erlauben, oder so klein, wie die Umstände, in denen ihr steckt. Was trifft auf euch zu? Worauf fokussiert ihr euch? Welche Fragen stellt ihr euch?

Schaut, nichts wird über Nacht passieren und ihr werdet hier nicht schnell reich werden. Das ist kein System, in dem man schnell reich wird, und wenn euch das irgendjemand erzählt hat, hat er euch belogen. Ihr müsst ganz unten anfangen wollen, wie wir alle es mussten. Der einzige Platz, an dem ihr ganz oben anfangen könnt, ist der, an dem ihr euch selbst ein Loch grabt. Bei uns fängt jeder unten an und arbeitet sich von dort nach oben.

Wir haben unbegrenzte Möglichkeiten. Glaubt ihr, dass es Tage geben wird, an denen es nicht gut läuft? Ich kenne niemanden, der wirklich erfolgreich ist, bei dem es keine Zeiten gab, in denen es wirklich schwierig war. Lest die Biografien erfolgreicher Menschen und ihr werdet eine Gemeinsamkeit feststellen: Sie mussten alle durch den Sumpf und Schlamm waten. Sie mussten sich selbst zurücknehmen und einiges aufgeben, um nach ganz oben zu kommen. Das kurzfristige Aushalten von Schmerzen wird langfristig zu einem Gewinn führen.

Ihr müsst hier einen großen Preis bezahlen – und ich rede nicht von Geld, sondern von einem Preis, den ihr für den Aufbau eures Geschäfts zahlen müsst. Ich spreche hier von dem Preis der Aufopferung: Ihr werdet Geburtstage verpassen und selten zu Hause sein, aber das ist der Preis für alles im Leben, nicht nur hier. Jeder große Sportler hat sich über Jahre hinweg aufgeopfert, um bei den Olympischen Spielen zwei Minuten auf dem Treppchen zu stehen. War es das wert? Ja! Ihr könnt euch aussuchen, ob ihr den Preis jetzt oder später bezahlen wollt, denn wenn ihr ihn niemals bezahlt, werdet ihr ein Leben der Mittelmäßigkeit führen.

Wir alle müssen uns verändern und wachsen. Warum? Die Zeit wird euch entweder begünstigen oder ausliefern. Ihr müsst wachsen und euch weiterbilden, denn es wäre eine Tragödie, wenn euer Einkommen wächst, ihr aber nicht. Das Gute daran ist, dass wir hier für alle von euch die Umgebung für persönliches Wachstum schaffen. Diese Firma ist ein Persönlichkeitswachstumsprogramm mit einem angehängten Vergütungsplan!

Ihr müsst allerdings die richtige Person sein, um in dieser Firma nach oben zu kommen, und ich glaube daran, dass die falschen Menschen die richtige Umgebung nicht lange aushalten können.

Wir werden weiterhin das Richtige tun, um dieses Unternehmen wachsen zu lassen, und ihr könnt dabei sein. Unsere Gelegenheit ist aber nichts für Menschen, die falsch sind, die heucheln, die ihre Partner schlagen und den Hund wegtreten, wenn sie die Haustür öffnen. Diese Menschen werden hier nicht lange überleben und wie bei einer Zentrifuge hinausgeschleudert. Wir mussten alle wachsen und uns verändern – und Veränderung bedeutet Stress. Aber auch pleite zu sein, bedeutet Stress, und keinen Arbeitsplatz zu haben ebenfalls. Ihr müsst euch immer wieder bewusst machen, dass Veränderung keine ist, bevor ihr euch nicht verändert habt.

Wenn in eurem Leben alles schlecht läuft, was müsst ihr tun? Wenn etwas in eurem Leben fehlt und nicht funktioniert, was müsst ihr tun? Wenn ihr eure Art zu leben, nicht mehr mögt, was müsst ihr tun? Wenn ihr nicht mehr mögt, wo ihr lebt, was müsst ihr tun? Wenn ihr euer Auto nicht mehr mögt, was müsst ihr tun? Wenn ihr eure Art zu denken, nicht mehr mögt, was müsst ihr tun? Wenn ihr eure Einstellung nicht mehr mögt, was müsst ihr tun? Es beginnt alles bei euch selbst.

Es beginnt damit, den ersten Schritt zu tun. Und hier ist der erste Schritt: Ihr müsst eure Gedanken ändern. Warum?

Ist es möglich erfolgreich zu sein, wenn man Verlierergedanken mit sich herumträgt? Ihr müsst euren Geist in die richtige Richtung lenken und wenn ihr das getan habt, müsst ihr ihn dort lassen und weiter auf euer Ziel fokussieren. Lasst keine Menschen an euch heran, die entweder euch oder das, was ihr tut, kritisieren. Vermeidet Menschen, die euch alles wieder wegnehmen wollen, was ihr in eurem Kopf aufgebaut habt. Wenn ihr diesen Leuten das abkauft, werdet ihr automatisch deren Lebensstil übernehmen. Wir nennen diese Menschen Energievampire oder Traumzerstörer. Das sind Menschen, die ihre Komfortzone nicht verlassen wollen und auch euch daran hindern wollen, es zu tun.

Es gibt Menschen, die wollen von euren Träumen nichts hören. Wer von euch kennt so jemanden? Viele von euch haben so viele negativ denkende Menschen in ihrem Leben. Die sind so negativ, dass sie anfangen aufzublühen, wenn man sie in einen dunklen Raum stellt. Ihr müsst derartige Menschen loswerden und keine Zeit mit ihnen verbringen. Wird das leicht sein, ja oder nein? Nichts, was auf der Welt erreichbar ist, ist einfach, denn es muss immer ein Preis bezahlt werden. Es wird Herausforderungen und Enttäuschungen geben. Die Straße des Erfolges geht direkt durch den Schlamm. Eure Herausforderung ist es, durchzukommen und nicht unterzugehen. Euer größter Sieg wird mit eurer größten Anstrengung zusammenhängen. Ihr müsst einfach immer weiterlaufen und keine Angst vor dem Erfolg haben.

Es ist viel einfacher, von der Niederlage zum Erfolg zu gehen, als immer wieder Entschuldigungen zu finden. Unser Job ist es, einfach im Spiel zu bleiben, und in drei bis fünf Jahren wacht ihr eines Morgens auf und seid finanziell frei. Wie würde es sich anfühlen, in eurem Traumhaus aufzuwachen und in eurem Traumauto loszufahren? Wie würde es sich anfühlen, euren Kindern die beste Bildung und euren Eltern ein würdevolles Altern zu ermöglichen? Euer Lebensstil wird unglaublich sein, und hier kommt etwas, das alle erfolgreichen Menschen sagen: Hätte ich gewusst, wie es ist, hätte ich auf dem Weg den doppelten Preis bezahlt.

Lasst mich euch eine Frage stellen: Wenn ihr wüsstet, dass ihr fünf Jahre lang hart arbeiten müsstet, um diesen Lifestyle zu haben, wäre es euch das wert? Wenn ihr zehn Jahre bräuchtet, wäre es die Anstrengung wert? Ihr könnt nicht von der Hand weisen, dass es die Chance gibt, mit unserer Firma ganz nach oben zu kommen. Haben wir einen großartigen Marketingplan, ja oder nein? Haben wir in der Vergangenheit viel erreicht, ja oder nein? Sind wir in einer der schnellsten wachsenden Branchen der Welt unterwegs, ja oder nein? Wenn jemand hier die Gelegenheit nicht erkennt, muss er doch blind sein!

Unsere Firma wird weiterwachsen und die Zukunft wird unglaublich sein. Das Tollste ist: Ihr könnt dabei sein. Seid ihr früh oder spät dran? Niemand kann euch stoppen, nur ihr selbst könnt weiterhin mit angezogener Handbremse durchs Leben fahren. Lasst eure Angst nicht länger gewinnen. Mal ehrlich, wer von euch hat das Gefühl, hier zur richtigen Zeit am richtigen Ort zu sein? Ihr werdet aber nicht gewinnen, nur weil ihr zur richtigen Zeit am richtigen Ort seid, oder nur deshalb, weil ihr hier seid. Ihr müsst etwas tun und in Aktion treten.

Es gibt nur zwei Arten von Menschen: Die einen lassen Gelegenheiten an sich vorbeiziehen und die anderen greifen danach. Was macht ihr? Ihr könnt entweder eure Produktivität erhöhen oder eure Träume immer weiter nach unten anpassen. Was wollt ihr tun? Ihr könnt auf so viele Trainings gehen, wie ihr wollt, aber wenn ihr euch nicht bewegt, passiert nichts. Was ist, wenn wir eine der größten Firmen der Welt werden und ihr nicht euer Stückchen des

Kuchens abbekommen habt? Was passiert, wenn wir weitere Produkte und Dienstleistungen einführen und ihr nicht eure eigene Firma in unserer Firma gebaut habt?

Jetzt möchte ich euch sagen, wofür dieser Tag heute eigentlich gut war: Wir haben all eure Entschuldigungen ausradiert. Ihr könnt nicht länger eure Kindheit, eure mangelnde Bildung oder eure Nationalität für eure Situation verantwortlich machen. Denn hier haben alle die gleiche Chance. Wir haben euch etwas weggenommen, denn ihr könnt nie wieder in eurem Leben sagen: Ich hatte keine Chance. Das hier ist eure Chance und ihr müsst einfach in Aktion treten und diese Power mit nach Hause nehmen. Ihr seid ein Gespräch von eurem großen Erfolg entfernt, und draußen gibt es Menschen, die nur darauf warten, von den Chancen zu hören, die wir bieten.

Ihr müsst euch täglich neu motivieren können, auch ohne diese Veranstaltung und dieses Umfeld. Deshalb möchte ich, dass ihr euer Ziel aufschreibt und es überall hinhängt: ins Auto, an die Wohnungstür, ins Bad, an den Kühlschrank, damit ihr jedes Mal, wenn ihr es seht, an den heutigen Tag erinnert werdet. Wer von euch ist bereit dazu? Wir haben jetzt ein Zeitfenster von heute bis zu unserem nächsten Event. Wer von euch wird dort sein? Gibt es jemanden von euch, der auf dem nächsten Event mehr Menschen aus seinem persönlichen Umfeld haben möchte, damit sie das Gleiche erleben und das gleiche Gefühl bekommen können, das ihr heute erlebt habt? Es sind genau … Tage zwischen heute und unserem Event in … Wenn ich ihr wäre, würde ich dafür sorgen, möglichst viele Menschen bei dem nächsten Event dabei zu haben. Könnt ihr euch vorstellen, wie euer Geschäft noch in diesem Jahr explodieren wird, wenn eure Leute genauso begeistert hier herausgehen wie ihr jetzt?

Werdet ihr etwas Besonderes tun in den nächsten Wochen?

Werdet ihr hart arbeiten und nach vorne schauen?

Seid ihr bereit? Ist euer Körper und euer Geist bereit?

Es werden großartige Dinge für alle von euch passieren, wenn ihr das in euch tragt, was ihr heute gelernt habt. Danke, dass ihr diesen Tag mit uns verbracht habt, ich wünsche euch eine sichere Reise nach Hause.«

Diese Rede spricht für sich. Vielleicht ging es dir genauso wie mir und du hast dich beim Lesen auf ganz vielen unterschiedlichen Ebenen angesprochen gefühlt. Vielleicht hast du Aspekte wiedererkannt, die dir in diesem Buch bereits an diversen Stellen begegnet sind, und ich bin mir sicher, dass du den einen oder anderen Punkt daraus für dich mitnimmst. Wenn diese Worte nun schon in geschriebener Form so wirkungsvoll sind, kannst du dir vielleicht im Ansatz ausmalen, wie mitreißend und ermutigend es war, den Sprecher live zu erleben und wie tief mich diese Veranstaltung dadurch geprägt hat. Vier Aspekte möchte ich deshalb an dieser Stelle noch einmal besonders hervorheben:

1. Besuche Events, denn nur dort wirst du wie mit einer Zeitmaschine ins nächste Level deiner Motivation und deines Erfolgs katapultiert.
2. Kultiviere und pflege deine Speaking-Skills und dein Storytelling, denn so kannst du Menschen begeistern und mitreißen. Im MLM sind diese Fähigkeiten für wirklich erfolgreiche Networker unerlässlich.
3. Nutze Events dafür, neue Interessenten immer anderen Partnern mit ähnlichem Persönlichkeitsprofil oder einem ähnlichen Job vorzustellen.
4. Wenn du selbst ein Event organisierst, achte darauf, die erste Reihe stets für die Partner mit den höchsten Rängen zu reservieren, um ihnen deine Wertschätzung zu zeigen.

Geld

Vielleicht hast du die Überschrift dieses Kapitels gelesen und irgendetwas in dir hat kurz gezuckt. Vielleicht ist dir für einen kleinen Moment ein Satz wie »Über Geld spricht man nicht!« durch den Kopf geschossen. Vielleicht warst du aber auch neugierig auf diesen Aspekt des Buchs, während ein Teil von dir dich für eben diese Neugier verurteilt hat. Schließlich macht Geld allein nicht glücklich, verdirbt den Charakter, oder: Wer auf das große Geld aus ist, ist oberflächlich. Kommt dir irgendetwas davon bekannt vor? Welche Glaubenssätze über Geld trägst du in dir? Was denkst du über Geld?

Du weißt es nicht genau? Dann schau doch einmal auf deinen Kontostand und auf deinen Lebensstandard. In der Regel können wir daran ablesen, welche Gedanken wir über Geld haben. Und unabhängig davon, was nun die Wahrheit über Geld ist, werden sich deine Glaubenssätze auf dein Leben auswirken. Vielleicht ist es in kaum einem anderen Lebensbereich so extrem und so gut sichtbar wie beim Thema Finanzen. Doch selbstverständlich müssen wir in einem Buch über Network-Marketing über Geld sprechen. Denn es ist schön, wenn du zum Vergnügen hier bist, aber selbst dann solltest du an deinem Kontostand ablesen können, wie sehr du bei deiner liebsten Freizeitbeschäftigung im Flow bist. Ich nehme aber mal an, du bist hier, weil du Geld verdienen möchtest. Weil du mehr vom Leben möchtest, als du bisher bekommen hast, und weil du für dich und deine Familie einen anderen Standard möchtest. Vielleicht wartest du bis heute darauf, dass dir jemand die Absolution für dieses Bestreben erteilt und du ein Zeichen erhältst, dass dieses Bestreben in Ordnung ist. Okay, hier ist sie!

Geld ist im Prinzip immer genau das, was du darüber denkst. Wenn du im Mangel denkst, wirst du Geldmangel erfahren, wenn du Geld als Energie und als Möglichkeit betrachtest, wird es dir diese aufzeigen und Wege zu dir finden – Wege, für die du arbeiten darfst. Denn ich gehöre nicht zu den Menschen, die dir erzählen, dass es vollkommen ausreichend ist, morgens fünf Minuten lang an dein neues Luxusauto zu denken, damit es in drei Monaten vor deiner Tür steht. Fühl dich herzlich dazu eingeladen, daran zu denken, aber tu auch etwas dafür.

Im MLM ist es eigentlich genauso wie in allen anderen Lebensbereichen: Du wirst nur das erreichen können, was deine Glaubenssätze zulassen. Wenn du daran glaubst, 5000 Euro im Jahr verdienen zu können, wird das passieren. Wenn du daran glaubst, 500000 Euro im Jahr zu verdienen, dann wird das eintreten.

Möglicherweise fällt es dir schwer, deine Glaubenssätze über Geld loszulassen. Das ist nicht verwunderlich, schließlich trägst du sie bereits lange mit dir herum – vermutlich sogar dein Leben lang. Denn das, was wir über Geld denken, haben wir in der Regel zunächst einmal in unserer Ursprungsfamilie gelernt, von den Menschen, mit denen wir in der Kindheit die meiste Zeit verbracht haben. Wenn dein Vater immer gesagt hat, dass alle Reichen schlechte Menschen sind, wird es dir nahezu unmöglich sein, reich zu werden. Denn dein Unterbewusstsein möchte in jedem Fall dafür sorgen, dass dein Vater gut über dich denkt. Also wird es verhindern, dass du reich wirst – zumindest, solange du deine Glaubenssätze nicht identifizierst und auflöst.

Wenn du mir in einigen der letzten Punkte zustimmen kannst und du mit einem Teil dieser Aspekte in Resonanz gehst, gibt es keinen Grund, sich komisch vorzukommen. Denn insbesondere beim Thema Geld geraten viele Menschen schnell an die Mauern ihrer mentalen Gefängnisse. Damit dir die Loslösung deiner inneren Überzeugungen über Geld besser gelingt, ist das Arbeiten mit inneren Bildern oft hilfreich. Du kannst dir Geld vielleicht wie eine High-Class Lady mit starken Prinzipien vorstellen: Geld hat Ohren, Geld kommt nicht zu denen, die schlecht darüber reden, und Geld ist beleidigt, wenn es merkt, dass du Vorstellungen hast, durch die du es eigentlich innerlich ablehnst. Es ist beinahe so, als hätte Lady Geld einen Eid geschworen: Ich werde niemals zu denen gehen, die mich in Wahrheit gar nicht lieben!

Also fang an, Geld freundlich zu behandeln und in dein Leben einzuladen. Du musst dann immer noch dafür arbeiten, doch du wirst erleben, dass sich andere Türen öffnen und Wege aufzeigen, die dich und Geld in einen großartigen Flow bringen. Mach dich frei von deinen mentalen Grenzen. Wenn du dir vorstellen kannst, dass es keine Grenzen gibt, wenn du fest daran glaubst, dass es funktioniert, und wenn du dich weigerst, mit Menschen zu sprechen, die etwas anderes behaupten, dann hast du eine Chance auf Erfolg.

Meine persönliche Einstellung zum Thema Geld hat sich übrigens in den letzten Jahren vollständig verändert, da ich früher dachte, Reichtum wäre ein exklusiver Club, der nur Wenigen offen steht. Das stimmt keinesfalls, denn wohlhabende Menschen empfangen dich mit offenen Armen – und weißt du was? Es ist dein Geburtsrecht, reich zu sein! Alle, denen dieser Satz zu provokativ ist, können ja mal mit ihrem Chakra-Zertifikat zur Bank gehen und versuchen, eine Finanzierung für eine Immobilie zu bekommen.

Schreibe dir nun auf, was du über Geld denkst

Diese Fragen können dir helfen, dein Mindset zum Thema Geld zu reflektieren:

- Welche negativen Glaubenssätze verbindest du mit Geld?
- Was hast du als Kind über Geld gehört?
- Wie sähe die Person aktuell in deiner Vorstellung aus, wenn Geld ein Mensch wäre?
- Welche Gedanken hättest du stattdessen lieber über Geld?

Nehmen wir nun einmal an, dein MLM-Geschäft würde tatsächlich funktionieren. Was würdest du tun und wozu wärst du in der Lage, wenn du finanziell frei wärst?

Lass mich ehrlich zu dir sein: Im MLM brauchst du Geld. Geld für Produkte und deren Promotion, für nationale und internationale Veranstaltungen, für deine Weiterbildung. Die Ausbildung hingegen, bei der du dein Handwerkszeug erlernst, das, was normalerweise kostspielig ist, ist hier kostenlos. Das, was ich im MLM gelernt habe, ist für mich, wenn ich es mit einem Geldwert beziffern müsste, mehr als eine Million Euro wert. Denn im Network habe ich alles für mein Leben gelernt, woraus ich heute schöpfe: vor Menschen sprechen, argumentieren, überzeugen, verkaufen, mich präsentieren und ein Business betreiben. Für all das bin ich bis heute unendlich dankbar!

Erfolg ist planbar.
Plane deine Woche und beginne damit, einen richtigen Stundenplan anzufertigen. Im Anschluss gibst du dir dann das Versprechen, dies auch einzuhalten und als Arbeitszeit anzusehen, so als wärst du in deinem Hauptjob, da kannst du auch nicht mittendrin gehen und dich mit Freunden auf einen Drink treffen, wenn sie spontan fragen.

STUNDENPLAN

	Montag	Dienstag	Mittwoch	Donnerstag	Freitag	Samstag	Sonntag

Warum viele es nicht schaffen

Bislang habe ich viel über die Sonnenseiten des MLM gesprochen. Doch natürlich sind auch in dieser Branche nicht nur Superstars vertreten, denn im MLM wird ebenso viel gemeckert wie woanders, denn in all unseren Systemen spiegelt sich auch immer wieder unsere Gesellschaft wider – und damit auch die deutsche Volkskrankheit Nummer 1: Multiple Mimose. Einige beschweren sich auch im MLM über die Wirtschaftslage, kritisieren den Marketingplan oder ihren Sponsor.

Wir müssen allerdings immer zwischen echten Krisen und hausgemachten Problemen unterscheiden. Viele Menschen haben sich so sehr an ihren Schmerz und ihre Unzufriedenheit gewöhnt, an ihre selbstgewählte Unmündigkeit und den Impuls, jede Verantwortung von sich zu weisen, dass sie nur schwer in der Lage sind, dies zu erkennen oder gar loszulassen. Diese Gewohnheit grenzt an Abhängigkeit, die sogar in den neuronalen Netzwerken des Gehirns erkennbar ist. Überprüfe dich selbst: Wo gibst du anderen die Schuld an deiner Lage oder schiebst alles auf die äußeren Umstände? Deine Haltung ist wirklich entscheidend dafür, was du in deinem Geschäft erreichst.

Machst du immer noch deine Herkunft und deine Erfahrungen dafür verantwortlich, wo du aktuell in deinem Leben stehst? Dann habe ich eine schlechte Nachricht für dich: Diese Pseudoargumentation greift hier nicht. Denn bitte schau dir als trauriges Beispiel die amerikanische Schauspielerin Lindsay Lohan an: Wie kommt es, dass so viele Menschen, die mit scheinbar unbegrenzten finanziellen Möglichkeiten aufwachsen, früher oder später in Kliniken landen? Und wie kommt es hingegen, dass andere Menschen, die von außen betrachtet nur Pech in ihrem Leben hatten, erfolgreich werden – wie Oprah Winfrey? Letztere sind durch Widerstände gegangen und dadurch stärker geworden. Sie haben einfach unaufhörlich weitergemacht. Sie haben an sich geglaubt und sind aus dem Selbstgeißelungsclub ausgetreten, in dem sich alle von früh bis spät selbst kritisieren und sich so wichtige Energie rauben.

Natürlich wollen viele Menschen in deinem Umfeld nicht, dass du dich dahingehend veränderst – Menschen, die es nicht schaffen, ihr Leben in die Hand zu nehmen, um etwas für sich und andere zu verändern. Menschen, die nicht wollen, dass du diesen Schmerzkreislauf verlässt, weil sie nicht wissen, mit wem sie dann gemeinsam leiden und jammern sollen. Du möchtest zu denen zählen, die es schaffen? Dann gilt für dich ab sofort die OQP-Regel: Only Quality People. Lasse die, die sich, wenn auch teils unbewusst, für den anderen Weg entschieden haben, hinter dir.

Es gibt aber auch Punkte, mit denen du dir alles verbauen kannst:

- Du meinst, alles besser zu können.
- Du glaubst, ein guter Verkäufer sein zu müssen.
- Du tust Sachen, die für dich funktionieren, aber nicht für dein Team.
- Du denkst, dass du Aspekte des Business beherrschst, obwohl du keine Ahnung davon hast.
- Du vergleichst dein Tagesgeschäft mit MLM.
- Du findest dich selbst »wichtig«.
- Du bist nicht bereit, dich von ganz unten hochzuarbeiten.
- Du glaubst, dass du Lernschritte überspringen kannst.

Achtung: Fallen lauern überall

Lass uns über weitere mögliche Schattenseiten sprechen, die der große Erfolg im Network-Marketing mit sich bringen kann. Vielleicht bist du eines Tages ganz oben angekommen und berauscht vom Gefühl des Erfolgs. Das ist okay, wenn du immer auch für einen inneren Ausgleich sorgst, also den Moment genießt, aber nicht die Bodenhaftung verlierst. Doch einige, die es geschafft haben, wollen dieses berauschende Gefühl nicht mehr loslassen, sie wollen den Kick – koste er auch noch so viel. Oft kommen hier Drogen und Betäubungsmittel ins Spiel.

Unterschätze deren fatale Wirkung niemals. Bedenke, wie es einem Piloten ergehen kann, der auch nur einen einzigen Grad von seiner Zielroute abweicht: Er fliegt Hunderte Kilometer weit in die falsche Richtung und muss schließlich 250 Kilometer von seinem Ziel entfernt landen. Das Flugzeug hat jedoch zur Sicherheit einen Autopiloten. Wie sicherst du dich ab, damit du auf der Spur bleibst?

Schütze dich selbst auch davor, von Network zu Network zu springen, weil du dich nicht entscheiden kannst oder weil es vielleicht anstrengend wird und die Erfolge vorerst ausbleiben. Du kennst sicher die Redewendung »Das Gras ist grüner auf der anderen Seite«. Eins kann ich dir verraten: Das Gras ist dort grün, wo du es wässerst! In der Branche nennen wir solche Menschen Network-Marketing-Hopper. Du kannst dir vielleicht vorstellen, wie sich ein solches Verhalten auf deine Glaubwürdigkeit und deine Reputation auswirkt.

Durchbrich negative Verhaltensmuster unbedingt, denn sie werden dich um deinen Lebenstraum bringen. Es gelingt dir, indem du die folgenden Zeilen tief verinnerlichst.

Wer bin ich?

Ich bin dein ständiger Gefährte. Ich bin dein größter Helfer oder deine schwerste Last. Ich werde dich vorantreiben oder zum Misserfolg hinabziehen. Ich stehe dir ganz zur Verfügung. Die Hälfte der Sachen, die du machst, könntest du genauso gut mir überlassen, ich würde sie schnell und richtig erledigen. Ich lasse mich leicht managen, du musst mir gegenüber nur standhaft bleiben. Sage mir genau, was du haben möchtest und ich werde es schon nach ein paar Lektionen automatisch tun. Ich bin der Diener aller großen Menschen, aber leider auch aller Versager. Letztere habe ich dazu gemacht. Ich bin keine Maschine, obwohl ich mit der Präzision einer Maschine arbeite, aber auch mit der Intelligenz eines Menschen. Du kannst mit mir Gewinne oder auch Verluste machen – für mich macht das letztlich keinen Unterschied. Nimm mich, trainiere mich, sei mir gegenüber standhaft: dann lege ich dir die Welt zu Füßen.

Wenn du mir gegenüber jedoch nicht standhaft bist, werde ich dich tiefgreifend zerstören.

Also: Wer ich bin? Deine Gewohnheit!

Gewohnheiten sind mächtig, denn in der Summe der Tage ergeben sie dein Leben. Gewohnheiten sind mächtig, weil unser Gehirn sie liebt: Sie sparen Energie und setzen gleichzeitig körpereigene Drogen frei, wenn wir ihnen nachgehen. Allerdings unterscheidet unser Gehirn dabei nicht zwischen guten und schlechten Gewohnheiten – das ist übrigens auch ein Grund dafür, warum uns Veränderungen oft so schwer fallen. Achte genau darauf, dass du gute Gewohnheiten in deinem Leben kultivierst. Sie werden dich mit zum Erfolg und zur Erfüllung tragen.

An alle Frauen

MLM ist das ideale Geschäftsmodell für Frauen und Frauen sind großartige Networker – weil es in ihrer Natur liegt, mit anderen Menschen in Beziehung zu treten, sich mit ihnen zu verbinden und Beziehungen mit aufrichtigem Interesse zu pflegen. Ich bin immer wieder zutiefst beeindruckt, wie es Frauen gelingt, sich beispielsweise neben dem vollen Familienalltag, vielleicht noch neben einer Teilzeitbeschäftigung, ein starkes Team aufzubauen und Umsätze zu generieren, die ihnen völlig neue Möglichkeiten eröffnen. Die Praxis zeigt, das Network-Marketing ein Business für Frauen ist – das auch Männer beherrschen. Doch um die geht es an dieser Stelle nicht.

Frauen sind in der Regel die besseren Networker. Denn sie präsentieren ihre Produkte aus tiefstem Herzen heraus. Es gelingt ihnen oftmals spielerisch, anderen Wertschätzung und Anerkennung entgegenzubringen, dabei aber auch ihr eigenes Selbstwertgefühl durch ihre Aktivität im Network-Marketing zu steigern. Denn sie erleben, dass sie etwas für sich und für andere bewegen können und gleichzeitig ein Teil des großen Ganzen sind. Die freie Zeiteinteilung ist für viele Frauen ideal, da sie ihr Geschäft in die Lücken im Alltag integrieren können – und die nutzen viele von ihnen hochgradig effektiv aus. MLM bedeutet für viele Frauen zudem eine riesige Chance, finanziell unabhängig zu werden oder zu bleiben, selbst wenn etwa Elternzeit oder Erziehungsjahre anstehen. Network-Marketing bietet eine perfekte Möglichkeit, um sich vor Altersarmut zu schützen, von der insbesondere viele Frauen stark bedroht sind.

Doch welche Energie dürfen viele Frauen in sich wieder aktivieren, um im MLM noch erfolgreicher zu sein? Das Soziale bzw. die umsorgende Verbindung zu anderen gelingt ihnen in der Regel mühelos. Doch fällt bereits seit vielen Generationen eine besonders kraftvolle Seite der Frauen gesellschaftlichen Konventionen und Prägungen zum Opfer, die sie noch viel zahlreicher zum Erfolg führen könnte: die Kraft der echten weiblichen Energie. Und damit meine ich weder eine Weiblichkeit, die sich in Bildern leichtbekleideter Frauen in sozialen Medien zeigt und erst recht nicht ewig kleinmachende, zurückhaltende Bambi-Energie, die sich viele Frauen antrainiert haben, um mit kindlichen Rehaugen ihrem Gegenüber entgegenzublicken.

Nein, es ist die Kraft der Amazonen, des Ur-Weiblichen, das in ihnen allen steckt. Eine Kraft, die aber verleugnet wird, um vorgegebenen Rollen und Klischees zu entsprechen. Um angepasst zu sein, um zu gefallen, statt aufzufallen. Um niemanden zu kränken oder zu beschämen. Aus einer Angst heraus, andere kleiner zu machen, wenn sie ihre wahre Größe zeigen. Doch das ist unmöglich: Dein Licht macht keine andere Flamme dunkler – ganz im Gegenteil! Wenn du in voller Kraft scheinst, zündest du auch andere an, um es dir gleichzutun. Du leuchtest ihnen den Weg und gibst von deiner Energie. Aber du machst sie keinesfalls schwächer. Wenn Frauen das endlich aus ganzem Herzen wieder begreifen, werden wir einen gesellschaftlichen Wandel erleben.

Was du tun kannst, um die Veränderung zu sein, nach der du dich in der Tiefe deines Wesens sehnst, weil sie ein Teil von dir ist? Stärke deine Selbstbestimmungsenergie, die Kraft, die es dir ermöglicht, für dich loszugehen, um das Leben zu leben, von dem du träumst. Daran ist nichts vermessen oder eitel. Selbstbestimmung, Durchsetzungskraft und Selbstverwirklichung sind Grundbedürfnisse der menschlichen Psyche, nach deren Erfüllung ein jeder Mensch strebt. Du brauchst keine Angst vor Rücksichtslosigkeit und Egozentrik zu haben, denn du trägst ja auch das Bedürfnis nach Harmonie und Bindung in dir. Du hast einen inneren Kompass, dem du vertrauen darfst. Also stärke deinen Stolz.

Wie dir das aktiv gelingt? Dazu möchte ich dir von meiner Tochter Maya erzählen. Eines Tages bekam ich einen Anruf aus dem Kindergarten. Die Erzieherin am anderen Ende der Leitung wirkte verunsichert und druckste herum. »Herr Beck«, sagte sie. »Ihre Tochter benimmt sich seltsam und anders als die anderen Kinder.« Ich fand zunächst einmal, dass das eigentlich gute Nachrichten waren, wollte aber Näheres wissen. »Eigentlich kann man sagen, dass Maya in einer Tour jubelt. Wenn sie gerutscht ist oder ihr ein Bild besonders gut gelungen ist, reißt sie die Arme in die Luft und schreit voller Inbrunst …« Meine Gesprächspartnerin wirkte verwundert, ich hingegen war wahnsinnig stolz auf meine kleine Tochter. Denn wir bestärken sie in genau dem: sich selbst und das, was sie durch ihr Handeln erreicht, auch zu feiern. Das macht sie stark und auf eine gesunde Weise durchsetzungsfähig. Feiere auch du dich und deine kleinen und großen Erfolge.

Setze dich mehrmals täglich mit deinem Stolz auf das, was du bereits in deinem Leben erreicht hast, in Verbindung, so aktivierst du eine Kraft in dir, mit der du alle deine Träume erreichen kannst. Gib dir selbst die Erlaubnis, deine Ziele zu erreichen. Du wirst nicht an Weiblichkeit, Attraktivität und Liebenswürdigkeit einbüßen – im Gegenteil. All diese Facetten werden dadurch nur noch stärker, weil du dich endlich wieder mit deiner wahren Natur und deiner Bestimmung verbindest. Nur Mut: Du bist eine Amazone, nicht Bambi!

Warum das Establishment Angst um Geld und Macht hat – der Sektenvorwurf

Immer wieder werden Stimmen darüber laut, dass hinter dem Network-Marketing die Machenschaften einer Sekte stünden. Wenn eine Realität mit guter Stimmung, Musik und fröhlichen Menschen so weit von deinem Blick auf die Welt entfernt ist, dann sind MLM wohl Sekten. Ansonsten ist dieser Vorwurf vollkommener Blödsinn. Auch ich stand schon einmal im Fokus eines evangelischen Sektenbeauftragten, der meine Veranstaltungen analysiert hat. Die Musik und Fröhlichkeit der Menschen waren ihm suspekt, also landete ich, wie weiter vorne bereits erwähnt, auf der Titelseite einer großen deutschen Sonntagszeitung: »Tobias Beck: Der Guru – Dein Feind und Abzocker« titelte das Blatt im Frühjahr 2020. Du siehst: Mit derartigen Angriffen kenne ich mich sehr gut aus.

Doch warum kommt es immer wieder zu solchen Behauptungen? Reißerisch formulierte Überschriften verkaufen sich eben besser als ein fundierter, auf Fakten beruhender Journalismus, der Informationen zur Meinungsbildung zur Verfügung stellt, anstatt plakative Meinungen vorzugeben. Doch sehen wir uns einmal die tatsächlichen Fakten an: Meine Videos werden millionenfach angeschaut. Meine Veranstaltungen füllen ganze Hallen, zu meiner Buchtour kamen bislang mehr als 70 000 Menschen. Das gefällt nicht allen – und anscheinend wohl insbesondere keinen Journalisten, deren Auflagen täglich schwinden und deren Bücher es nicht auf die *Spiegel*-Bestseller-Liste schaffen. Ich habe aus dieser Erfahrung gelernt. Ich habe noch einmal eine dickere Haut entwickelt und werde mich beim nächsten Angriff noch sicherer dem Wind entgegenstellen.

Auch MLM schafft es, samstags und sonntags mehr Sitzplätze zu belegen als alle Kirchenbänke zusammen. Das mag gewisse Religionen zu Recht beunruhigen, aber Konkurrenz sollte eigentlich das Geschäft beleben und Kirchen zum Nachdenken über die Ausgestaltung der Verbreitung ihrer Inhalte bringen. MLM wird immer wieder mit Sektenvorwürfen konfrontiert, da diese den Zeitungslesern und Fernsehzuschauern einfach ins Auge fallen und deshalb konsumiert werden.

Dennoch möchte ich die Verantwortung für das oft negative Image der Branche nicht auf die Medien abwälzen, denn sie liegt nicht nur bei ihnen. Hingegen sind alle, die im Network-Marketing tätig sind, auch dafür verantwortlich, die Branche in ein gutes Licht zu rücken.

Wenn du bis hierhin gekommen bist und dich auch ausführlich mit den Übungen auseinandergesetzt hast, hast du *alles*, was es braucht, um dir im Network-Marketing ein Millionengeschäft aufzubauen. *Jetzt* liegt es nur noch an *dir*. Nutze diese Chance für dich und dein Umfeld. Sei dir bewusst, dass *du* einen deutlichen Unterschied im Leben anderer Menschen machen wirst …

Wir sehen uns in der Hall of Fame, Champ!

Nachwort

Wie immer im Leben lässt sich auch dieses Buch einfach zusammenfassen. So sind es doch immer die Macher, die das Spiel gewinnen. Weder die Zuschauer noch diejenigen, die aufgegeben haben, bekommen auch nur den Hauch einer Chance. Zu schnell das Spielfeld zu verlassen, da das Wetter zu schlecht oder das Flutlicht zu hell war – also da äußere Faktoren vorgeschoben wurden –, ist ein Garant für das Scheitern. Das System des Network-Marketings, deine Führungskraft oder der falsche Zeitpunkt treffen dabei keine Schuld, sondern die Tatsache, dass dein brennendes Verlangen oder dein Schmerz einfach nicht groß genug waren.

Es gibt so viele gute Gründe, in diesem Spiel am Ball zu bleiben: Freude, Spaß, Teamaufbau, Selbstvertrauen stärken, Reden lernen und zu guter Letzt: Geld verdienen. Wenn du also zehn Jahre lang fleißig wie ein Bienchen am Ball bleibst, wirst du Geld verdienen! Den meisten Menschen mangelt es vor allem an Disziplin und daran, die eigenen Enttäuschungen zu disziplinieren. Sie laufen einfach winselnd und Wunden leckend vom Platz, erdreisten sich dann im Anschluss noch, das Spiel schlechtzumachen. Warum? Weil sie es nicht geschafft haben und nun andere für ihr Versagen verantwortlich machen. Das ist billig und charakterlos!

Nichts ist so schädlich und ermüdend wie Zweifel. Zweifel an dir, am System, an deinen Führungskräften. Wie Rost frisst sich dieser Zweifel immer tiefer in den Lack deines Lebens, bevor du brichst und anderen die Schuld für dein Elend gibst. Wachstum ist schmerzhaft und wir Menschen tun alles dafür, Schmerz zu vermeiden. Wir wollen nicht zurückgewiesen oder belächelt werden, aber genau das wird dir in den nächsten Jahren passieren, wenn du diesen Weg tatsächlich einschlägst. Das ist auch mir passiert! Zurückweisung durch Familie und Freunde sind deine größten Feinde auf dem Weg in Richtung Erfolg, denn Menschen, die wir lieben, haben einen großen Einfluss auf uns. Nur sie können uns wirklich verletzen. Im Kern haben Menschen ihr ganzes Leben nur Angst – davor …

- nicht genug zu sein.
- nicht geliebt zu werden.
- die falschen Entscheidungen zu treffen.
- Erwartungen nicht gerecht zu werden.
- anders zu sein als die Masse.
- zurückgewiesen zu werden.
- nicht den richtigen Partner zu finden.
- nicht ernst genommen zu werden.
- Angst … Angst … Angst …

Wir wollen die Früchte ernten, aber die Saat nicht ausbringen. Kümmere dich wie ein liebevoller Landwirt um jeden neuen Teampartner, als wäre es deine kostbare Saat, deine Pflanze, der Dünger und die richtige Maßnahme zur richtigen Zeit. Sei die Sonne, wenn es regnet, und der Schatten, wenn es zu heiß wird. Wenn der Sturm der Veränderung kommt, dann hilf beim Bau der Windmühlen, reiße Mauern mit ein. Am Ende des Tages kann alles nur mit Liebe geschehen und dein Garten wird bunt, nachhaltig und wunderbar werden.

Dank von Tobias Beck

Der größte Dank gilt meinen Eltern Erika und Horst Beck, weil sie mich in dem unterstützt haben, was ich gemacht habe, und mir geholfen haben, zu dem zu werden, der ich bin. Beide waren keine Unternehmer und ihr Leben lang angestellt. Deshalb bin ich umso dankbarer für ihre Unterstützung auf meinem Weg in die Selbstständigkeit. Ich danke meinen beiden Kindern Maya und Emil für ihre Liebe, ihre Unterstützung und dafür, dass sie mich immer wieder an den wichtigsten Satz überhaupt erinnern: Erfolg beginnt zu Hause!

Ich danke den mutigen Erfindern und Pionieren in der Multi-Level-Marketing-Welt und all jenen, die den Weg geebnet haben.

Ich danke meinem damaligen Sponsor, der mir damals auf einem Blatt Papier den Marketingplan erklärt, mich gefordert und gefördert hat und heute zu meinem engsten Freundeskreis zählt.

Ich danke Ilona für das Ilona-Prinzip.

Ich danke auch all denen, die über mich und meinen Weg gelacht haben, denn ihr habt mir gezeigt, dass das Aufhören keine Option ist!

Und zuletzt ein riesen großes Dankeschön an meine Co-Autorin Julia Scharnowski, die mich beim Verfassen der Zeilen tatkräftig unterstützt hat.

Anmerkungen

1 Direct Selling Magazine (2019). Umsätze im MLM / Network-Marketing in 2018 bei 192,95 Milliarden Dollar. https://www.mlm-worldwide.de/umsaetze-im-mlm-network-marketing-in-2018-bei-19295-milliarden-dollar. Aufgerufen am 24.09.2021.

2 https://www.saarland.ihk.de/ihk-saarland/Integrale?SID=966E22EEAF427571C990916A8F67CD8C&MODULE=Frontend.Media&ACTION=ViewMediaObject&Media.PK=1531&Media.Object.ObjectType=full

3 https://www.existenzgruender.de/SharedDocs/Downloads/DE/Checklisten-Uebersichten/Gruendungswege/10_uebersicht-Multi-Level-Marketing.pdf?__blob=publicationFile

Über den Autor

Tobias Beck ist Vertriebs- und Network-Marketing-Profi. Er kennt die Branche in- und auswendig und erreichte die höchste Position im Marketingplan. Beck labert nicht, er macht einfach: Er baute international Tausende Vertriebspartner auf, mit denen er Millionenumsätze erwirtschaftete.

Heute teilt er sein Wissen darüber, was erfolgreiches Network-Marketing ausmacht. Seit 20 Jahren berät Tobias Beck internationale Direktvertriebe und wird dort regelmäßig als firmenunabhängiger Top-Speaker eingeladen. Er ist *Spiegel*-Bestseller-Autor, seine Bücher wurden in 19 Sprachen übersetzt, sein Podcast über 25 Millionen Mal aufgerufen und er erhielt mehrfach den Publikumspreis »Speaker des Jahres«.

Gratis Persönlichkeitstest (im Wert von 95,00€)

Die Grundlage für deinen Erfolg im Network-Marketing

Erfolgreiche Network Marketer haben verstanden, dass sie zu absoluten Profis im Umgang mit Menschen werden müssen! Um Menschen für dich zu gewinnen, damit andere tun, was du willst, musst du zuerst deine eigene Persönlichkeit verstehen. Bist du ein Hai, ein Delfin, ein Wal oder doch eine Eule? Finde es jetzt heraus und profitiere wie bereits Hunderttausende vor dir vom bekannten Persönlichkeitstest zu den vier tierischen Menschentypen von Tobias Beck!

>> **Zum kostenlosen Persönlichkeitstest:**
www.tobias-beck.com/uyn-links

Gratis Network-Marketing-Training (Aufzeichnung)

Dein nächster logischer Schritt nach diesem Buch

Wenn dir die Inhalte aus diesem Buch gefallen haben, dann warte erstmal ab, was dich in dem spektakulären Online Training erwartet. Erfahre, wie dein Network-Marketing-Business durch die Decke geht und erlebe Tobias Beck in seiner vollen Kraft und Energie. Nach dem Training wirst du zielstrebiger sein als je zuvor! Lass dir die Inhalte auf keinen Fall entgehen und verschaffe dir mit dem Wissen einen klaren Vorteil gegenüber deinen Mitstreitern.

>> **Zum kostenlosen Network-Marketing-Training:**
www.tobias-beck.com/uyn-links

Unbox Your Network-Marketing (Onlinekurs)

Der Schlüssel zum Weg an die Spitze deines Networks

Bist du bereit, das zu tun, was es braucht, um im Network-Marketing finanziell frei zu werden? Meinst du es wirklich ernst und hast du das brennende Verlangen, die Spitze deines Marketingplans zu erklimmen? Dann ist dieser Onlinekurs ein Must-Do für dich! Erfahre die größten Geheimnisse und genauen Strategien von Tobias Beck, mit denen er es damals geschafft hat, in nur vier Jahren die höchste Position seines Networks zu erreichen.

>> Alle Infos zum Unbox Your Network Marketing Onlinekurs:
www.tobias-beck.com/uyn-links